桐乡市梧桐街道办事处　编

桐鄉檇李

TONG XIANG ZUI LI

中国出版集团
现代出版社

《桐乡槜李》编撰指导委员会

顾　问：潘敏芳　徐　刚

主　任：姚国中

副主任：王少顺

委　员：朱力佳　徐　冰　董伟锋　徐建锋

《桐乡槜李》编撰团队

主　编：王士杰

编　撰：颜剑明　杨承禹　沈惠金

图片摄影

陈为民　沈剑峰　吴佳丽 等

目录

槜李珍果

南国荔枝、西凉葡萄、洞庭枇杷、闽中橘柚之类，均为果中杰出，早脍炙人口。而吾乡特产之槜李，尤为隽美。其香如醴，其甘逾蜜，虽葡萄荔枝，未足以方其美。嗜之者，莫不交口誉，推为果中琼宝。

——民国朱梦仙《槜李谱》序

槜李珍果

(一)桐乡槜李与众不同

中国本土水果有桃、李、枣、梨、梅、杏、柿、橘、柚、柑、橙、枇杷、荔枝等,桃李名气最盛。观其花,品其果,“比”“兴”引申而成文化符号——汉语多以桃李组词构语,诗文多以桃李咏志抒情,书画多以桃李挥毫泼墨……真可谓桃李芬芳满天下。

古谚云:“桃李不言,下自成蹊。”“李”的形象流芳中华文化,“李”既登大雅之堂,亦入寻常百姓家。

中国之李,文献记载的栽培史约有3000年,分布全国大多地区,品种古今替续有数十个。在众多的中国李当中,有一个珍稀品种,犹高士独履林泉,似佳人自赏芳华,其名曰“槜李”(zuì lǐ),因盛产于浙江省桐乡市,故又称“桐乡槜李”。

图1 桐乡槜李

图2 醉人之李

物优则珍，槜李之珍在于：其色、其香、其味，均异于一般之李——

初夏“小暑”前后，槜李成熟，果实累累，隐现于茂密的绿叶间。近而观之，体型略大于普通李果，最大者每斤约8颗，一般每斤约11~12颗。其形微扁而底平，顶凹而蒂短，缝合线宽浅。果皮大体紫红色，也有部分红、部分黄渐变者。其红，红得纯净，红得稳重，红得大气，在紫红的果皮上布有较密的小黄点，果皮表层可见薄薄果霜。

槜李之形，轮廓清通，灵秀可爱；槜李之色，美而不媚，悦目赏心。

品尝其味，则槜李肉质浅黄而鲜润，有如浅色琥珀，浆液饱满，甘甜如蜜无酸涩，芳香之中微透酒香，食之回味无穷，远胜普通李果，民间因而又称为“醉李”。

据对桐乡槜李鲜果主要经济性状测试分析，其果实可溶性固形物含量平均值为13.20%、总糖含量平均值为15.40%、可滴定酸含量平均值为0.85%，表明桐乡槜李果实的风味优良，经济性状独特，品质高于其他的中国李主栽品种。[①]

又据比对测试分析，桐乡槜李除共有香气成分47种之外，独有香气成分23种，明显高于周边地区所产槜李。[②]

难怪人们对槜李极尽赞誉——

南国荔枝、西凉葡萄、洞庭枇杷、闽中橘柚之类，均为果中杰出，早脍炙人口。而吾乡特产之槜李，尤为隽美。其香如醴，其甘逾蜜，虽葡萄荔枝，未足以方其美。嗜之者，莫不交口誉，推为果中琼宝。（民国朱梦仙《槜李谱》序）

李子虽各处都有，好的品种都产在南方，江南的李子以浙江桐乡的槜李最好。槜李的个儿很大，皮作殷红色，鲜艳美丽，它有一种特点，不能摘下来就吃，必须摘下以后，在瓦钵瓷缸中放上四五天，等到果肉完全软熟，并且发出一阵阵的香气，这时吃才恰到好处……它的味道，甜蜜之中，带有一股酒香，所以又叫醉李。（沈苇窗《食德新谱》）

① 贾展慧等：《11个"槜李"品系鲜果主要经济性状分析与评价》，《植物资源与环境学报》2014年第4期。

② 张杰等：《不同槜李品系香气成分物质的分析》，《浙江农业科学》2018年第6期。

槜李不仅珍，而且奇。槜李之奇在于：采摘后不宜立即食之，生脆而食则不觉其妙，与普通李果无异。须存放一二日，待果肉完全软熟并且飘出缕缕醇香，此时品尝方得其佳。食时只需咬一小孔慢慢吮吸而尽，止留果核及少量纤维于皮囊中，果实硕大者，甚至可用吸管啜饮。槜李的吃法比之普通李子，可谓迥异奇绝。

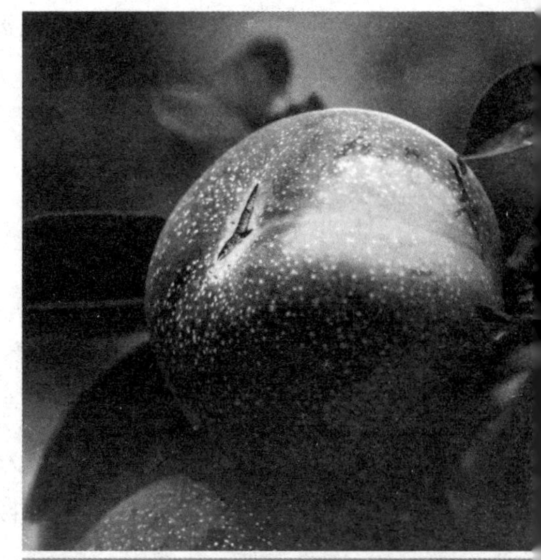
图3 传说中的“西施爪痕”

更有一奇，部分槜李的果实上常有一条短而弯弧的黄色纹痕，有如指甲掐过一般，为其生长过程中自然形成。富于想象的人们便奇思妙想，喻指为“西施爪痕”[①]，说是当年越国美女西施经此地赴吴国，品尝槜李“曾一掐”，便让槜李佳果平添了一份诗意，勾画出一个美丽的传说。

于是，人们又将槜李跟杨梅、荔枝相比较——

① 朱梦仙《槜李谱》：“此痕余经数年之研究，方知系蕊圈粘附于果皮，久而所成之瘢纹也……前后左右，均无定所，其纹或如环，或如爪，或如蚓……然真正槜李之特征已如上述，正不必在爪痕上求之也。”

昔人以江南杨梅，配岭南荔枝，余谓吾禾之槜李方为劲敌。且荔枝以阿环流芳，槜李以夷光驻艳，更难轩轾。[①]（清于源《灯窗琐话》卷五）

槜李之果珍奇，槜李之花同样让人惊奇：春日，槜李花开，洁白的花朵簇拥怒放、密缀枝头，放眼望去疑似北国大雪初霁。比之一般李花，槜李花开得更灿烂、更奔放，气势压群芳。每逢春日槜李花开之际，吟诗、作画、摄影、观光，慕名而至者络绎不绝。

宋代诗文大家欧阳修，为蔡襄《荔枝谱》而写《书荔枝谱后》，其中有“牡丹花之绝，而无甘实；荔枝果之绝，而非名花……”之句，感叹物之不能兼擅其美。今若反观槜李，则槜李能兼花果之美，竟在牡丹、荔枝之上。

20世纪50年代，老一辈无产阶级革命家朱德同志，也对桐乡槜李慕名珍爱，曾专门从桐乡引种槜李树苗，亲自栽种。[②]

槜李之果可谓珍也，槜李之名可称盛矣。

① 阿环：杨玉环。夷光：西施（本名施夷光）。

② 1958年9月，朱德同志亲自写信给浙江省农业厅，希望引种桐乡槜李。后由浙江省农业厅牵头联系，桐乡县农业局和桃园村经办，将桃园头果农培育的12株优质槜李苗，先用船从桐乡送至杭州笕桥机场，再空运首都北京。当时经办人员有桐乡县农业局张佐民等人。

(二)桐乡檇李声誉卓著

其一,桐乡檇李多次获奖

据1933年《中国实业志·全国实业调查报告之二·浙江省》载:桐乡潘园李和檇李获浙江省建设厅农产品甲级奖。

1952年桐乡檇李参加全国土特产交流会展出,被评为全国优质果品。

1984年浙江省农科院在桐乡召开全省李、杏果品鉴评会议,桐乡檇李被评为省内优质名果。

其二,桐乡檇李列载于多部果品名录

如《中国土特产大全》《中国名土特产》《中国果树志·李卷》《中国李杏种质资源》等,均有专条记载——

(1)檇李,原产浙江桐乡桃源村,栽培历史2500多年,曾是历代封建王朝的"贡品",是极负盛名的优良李品种。——《中国果树志·李卷》,张加延、周恩主编,中国林业出版社1998年版;《中国李杏种质资源》,任士福、汪民主编,中国林业出版社2014年版

(2)檇李,产于浙江桐乡、嘉兴、海宁等地,尤以桐乡所产为佳。——《中国名土特产》,孙步洲编著,南京工学院出版社1986年版

(3)浙江桐乡县盛产的檇李,又名醉李,是我国最珍贵的水果、李子中的名品。——《中国土特产大全》,编写组编写,河北人民出版社1986年版

图4　槜李花海

其三，桐乡槜李为业界与学者关注研究

民国时期，朱梦仙[1]在清代王逢辰《槜李谱》基础上再著《槜李谱》，是迄今最为详尽的槜李研究专著。朱氏《槜李谱》由上海新中央印刷公司出版于1937年6月，全书7000余字，内容篇幅在王逢辰《槜李谱》基础上有较大扩充(王著2600余字)。该书从起源、产地、树性、嫁接、栽培、管理、施肥、花期、果形、采摘、食法等42个方面，对桐乡槜李进行了客观全面的记述和探究。由于朱梦仙有着亲自培植、经营槜李的13年经验，故所记多为心得之说，且符合现代种植科学，史料性与实用性兼备。同时该书对槜李的种植历史、传承渊源、文化内涵等叙述也颇丰富，且多有己见。《槜李谱》出版之际，民国元老、著名书法家于右任为之题字，著名文史掌故学家郑逸梅[2]为之作序。郑序说：

> 梦仙固以丹青名世，而兼事学圃，辟晚翠园于屠甸者有年。《槜李谱》为其经验有得之谈，直堪与前彦之《荔枝谱》《水蜜桃谱》《橘录》并传，亦艺林佳话也。

除了槜李专著，专题报告和论文主要有《江浙桃种调查录》《桐乡李之品种》《浙江果树园艺概况》《桐乡之槜李》《桐乡槜李》《浙江桐乡槜李品种的调查研究》等文，均涉及或专论桐乡槜李——

---

① 朱梦仙(1897—1940)，原名朱铭，后改名梦仙，号亦僧，浙江桐乡屠甸人。画家、园艺家。

② 郑逸梅(1895—1992)，本姓鞠，幼年投靠外家，改姓郑，名愿宗，字际云。逸梅为其笔名，别署冷香、疏景、一湄等，江苏吴县人。1927年起在上海从事教育、编辑工作，有大量文史掌故载于报刊空白处，人称“补白大王”，主要作品有《逸梅文稿》《逸梅小品》《逸梅丛谈》。

(1)桐乡产李著名,因适与桃同一时期有果实可供调查,故桐乡调查者纯为李材料。调查地点有桐乡屠甸镇之蒋家沿、桃园头、香水浜等处。槜李,采收时间6月下旬,品质优良。桃园村约有四十余家栽李数亩,年产可数千元。(胡昌炽《江浙桃种调查录》,《中华农学会报》1931年第92~95期)

(2)槜李,别名:醉李。现在分布概略:一、桐乡屠甸寺镇蒋家桥;二、桐乡屠甸寺镇乡蛳浜;三、桐乡屠甸寺镇桃园头;四、嘉兴新篁镇栖圣寺;五、嘉兴馀贤埭曹王庙;六、嘉兴馀贤埭石燕村;七、嘉兴馀贤埭陆家桥;八、嘉兴净相寺(古传净相寺产为真种子,然母本已死,今惟小树数株,皆自栖圣寺李幼臣家中移来);九、杭州闸口炮台山杭州园艺场;十、杭州闸口对江陈仁圃桃园;十一、杭州严官巷吕仁圃桃园;十二、杭州笕桥浙大农院植物园;十三、杭州笕桥浙大农院湘湖农场。(成汝基《桐乡李之品种》,浙江大学农学院《新农业》创刊号,1931年)

(3)槜李,桐乡屠甸寺镇主产,为我国李中最著名品种。(章恢志《浙江果树园艺概况》,《中华农学会报》1933年第113期)

(4)槜李之负盛名,已甚久远……产李区域,以桐乡屠甸区之桃源村为较广,其余香水浜、鸟船村、蒋家桥、御史坝、致和浜等各处,虽有栽培,但均为数不多。(沈光熙《桐乡之槜李》,《浙江省建设月刊》1935年第9卷第6期)

(5)"桐乡槜李"……在屠甸镇,桐乡县东南的一个市名,商业很繁荣,西约三四里的桃园头这个地方所产的为最佳。(杨炳仁《桐乡槜李》,《浙江青年》1936年第2卷第9期)

(6)浙江桐乡,素以产李闻名,该地出产的槜李,早在春秋时代就有名……桐乡屠甸寺的李品种均属中国李……其中以槜李为最优良。(孙宏宇《浙江桐乡槜李品种的调查研究》,《浙江农学院学报》1957年第2卷第2期)

1983年2月,"全国李、杏资源研究及利用会议"在辽宁省果树科学研究所召开,桐乡县农林局应邀派员出席并作学术交流。在全国果树研究的大格局下,积极开展桐乡槜李的资源调查、栽种研究和科研协作。

其四,桐乡槜李获得国家农业部颁发的"农产品地理标志登记证书"

2010年12月,国家农业部准予桐乡槜李登记并允许使用"农产品地理标志"。据《农产品地理标志管理办法》规定,申请地理标志登记的农产品,应当符合下列条件:(1)称谓由地理区域名称和农产品通用名称构成;(2)产品有独特的品质特性或者特定的生产方式;(3)产品品质和特色主要取决于独特的自然生态环境和人文历史因素;(4)产品有限定的生产区域范围;(5)产地环境、产品质量符合国家强制性技术规范要求。桐乡槜李拥有的农产品地理标志受到国家法律保护。

图5 桐乡槜李农产品地理标志证书

2018年12月，桐乡市向国家知识产权局商标局申请“桐乡槜李地理标志地域范围”，界定桐乡槜李农产品地理标志地域保护范围为：桐乡市所辖行政区域内。

其五，槜李深受文人雅士喜爱

得缘观赏品尝甚至亲自栽种者赞不绝口，作赋、吟诗、撰文以颂，于是槜李声誉益隆、身价倍增。举其要者，南宋有张尧同《净相佳李》诗；明代有李日华《紫桃轩杂缀》述及槜李，有钱谦益《槜李绝句》；清代有曹溶《槜李》诗十首，有朱彝尊《槜李赋》及槜李诗两首，还有曝书亭诗社的槜李唱和诗一组；有王逢辰邀诗友作《槜李谱》题词诗一组；有李培增诗友征诗集《龙湖槜李题词》等，难以一一尽述。

民国以来，有艺术大师丰子恺的《辞缘缘堂》，有文史大家、著名文史掌故学家郑逸梅的《漫谈槜李》，有著名文史家、美食家沈苇窗的《桐乡槜李》，有著名画家、园艺爱好者朱梦仙的《槜李谱》等文章或专著，一致盛赞桐乡槜李。

[链 接]

朱梦仙与《槜李谱》

光绪二十三年(1897)，朱梦仙出生在西晏城竹水板桥一户书香之家。父亲朱渊是个私塾先生，人称“三先生”。朱梦仙原名朱铭，因从小体弱多病，父亲怕他夭折，便给其改名梦仙，还取了个号叫亦僧，于是便有了一个神仙的名和一个和尚的号。童年时随父亲来屠甸镇居住，但是不久，父亲去世，为生活所迫，十三岁即去邻近的王店镇一家中药房里当学徒，因为喜欢画画，从勾描中草药开始，喜爱上花鸟、虫草。民国十四年（1925），朱梦仙回屠甸居住，在镇绅陈耐安创办的溥明电气公司任会计（俗称“大先生”）。不久后离职，拜濮院画家仲小梅为师，专攻花鸟，深得先生之神韵，花卉翎毛，栩栩如生，尤善画蝶，有“朱蝴蝶”之称。

朱梦仙成名后，小有积蓄，但因一向身体羸弱，为养病，亦为远避市嚣，专心绘事，便在镇西南郊旱桥头购地3亩，围地造屋，因有感于《千字文》中“枇杷晚翠，梧桐早凋”一语，取名为“晚翠园”。旱桥头原为荒地，有一座小桥建于蜿蜒的小河之上，俗名“旱桥”。有地方名士见此处地近镇郊，较为荒僻，又有小桥流水，颇为雅致，取景名“旱桥残雪”，列为“屠甸十景”之一。朱梦仙辟地建园，植李栽桃，种花莳草，尤其以槜李为多。并筑平屋三间，屋内铺设地板，装上当时颇为新式的玻璃窗。他还在里面关养了各式各样的蝴蝶，蓄养花猫数只，经常在屋外观察“花猫扑蝴蝶”的动态和神态，以便临摹写生。自此，他的花鸟画更加栩栩如生，人见人爱，并以得到他的画为荣。

朱梦仙在旱桥头专心绘事，兼营园艺，潜心其中长达十余年。其间，还参照清同治年间嘉兴新篁名士王艺亭编撰的《槜李谱》，结合自己的栽培经验，重修《槜李谱》，此书分总论、起原（源）、产地、辩证、嫁接、施肥等42节。由于朱梦仙有亲自培植、经营槜李的经验，所以对槜李的树性、栽培、生产、管理、贮藏等生产、经营等各个环节均有较详备的记载，内容比较实际，多为心得之说，符合现代种植科学，另外，还对槜李的种植历史、范围、文化内涵等作了简要介绍，这本书对研究槜李这一地方珍稀特产有着珍贵的参考价值。民国二十六年（1937）6月，书终于写成，他通过已在上海小有名气的钱君匋的关系，请民国元老、著名书法家于右任题写书名，还请著名文史掌故学家郑逸梅作序。郑逸梅在序中称此书“直堪与前彦之《荔枝谱》《水蜜桃谱》《橘录》并传”。钱君匋、王永良也为此书校阅校订，他们都是朱梦仙的好友，钱君匋后来成为著名的金石书画家和收藏家，王永良则一直在屠甸从事工商业。此书由上海新中央印刷公司印刷发行。

谱后附有“朱梦仙人物仕女草虫鱼虾画约”，系当时社会、艺坛名流于右任、丁辅之、赵叔孺、邹梦禅、钱君匋代订，文曰：“晚近之习绘事者，率多涵养未深而假言气韵，以文其鄙。忘形格体，自谓超脱；粗率恶俗，自鸣苍奇。噫，斯言画，直画之魔道耳！石泾朱君梦仙，瑰奇士也，胸怀万象而发于画，其写生、人物、花卉、草虫、鱼虾，靡不精妙，毫端巧捷，赋彩鲜丽，神形纤显，奕奕如生，可谓深得南田风骨矣。近以知者渐众，势难汜应，爰代定约如次，俾嗜君之画者可循是以求也。”下列堂幅、屏条、框屏、扇册的润笔价格，末后还附说明：“工笔花卉限写绢本或笺纸，写虾、写鱼每尺限写一翅或一尾，增一翅或一尾，增润一元，百虾图面议，写意画花卉依约折半，补图、点品、临摹均面议，先润后墨，约日取件。”由此可见，朱梦仙在当时已蜚声沪上。

图6 《槜李谱》书影

《槜李谱》书中还夹有一则有关朱梦仙晚翠园销售槜李苗的广告启事：“以售真正优品槜李苗，欢迎试种，敬请预定。本园栽植槜李有年，特选最良母本，嫁接苗树，专供爱好者之试植，每枝定价：三年苗二元，一年苗一元，预定期七月底止特价八折。此项苗树种后，次年即开花结实，一年苗亦有花朵。然枝干甚长，不便邮寄，须转运递送，寄费按实价加二成”，并附有预定办法和注意事项，文后落款有“负责收款处，屠甸镇邮局代理，晚翠园主人启”的字样。从中可知，朱梦仙在晚翠园培植、经营槜李苗果是有一定规模的。

1940年秋，朱梦仙因肺病早逝，终年44岁，葬于祖居地西晏城竹水板桥。传说他是因经常摆弄、接触蝴蝶，吸入太多的蝶粉而染上“石病”（骨结核病）的。妻子马文金，钱林乡（今梧桐街道城西村）马家埭人，与朱梦仙育有一女，名美宝。朱梦仙卒后，好友徐菊庵、孙味斋、岳石尘等多有接济。马氏卒于20世纪80年代，享年88岁。

1985年，朱梦仙当年所建造的三间平屋日渐倾颓，后人便在旧址上按原样改建，并依旧沿用了其中一些旧门窗，其中一间屋内还悬挂着晚翠园的旧物——“晚翠小筑”匾额，为钱君匋当年所题。虽然80多年过去了，但晚翠园当年的泥砖围墙大半尚在，而且非常坚固，上面满是青翠的藤萝。园内有朱梦仙当年手植的罗汉松和黄杨树，起初种在盆景

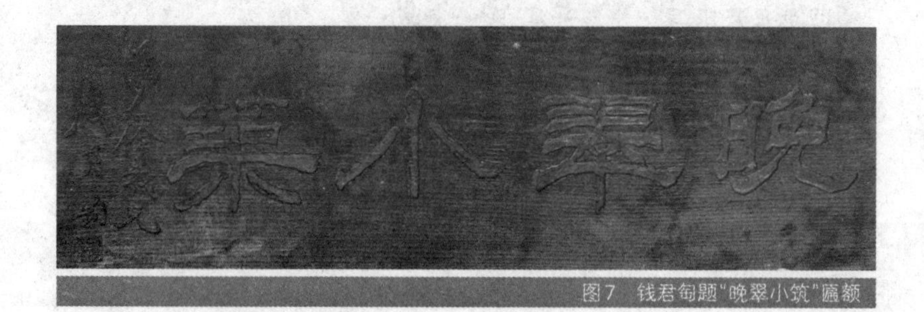

图7　钱君匋题“晚翠小筑”匾额

中，后因日渐长大，被后人们移植于园内，现在这两棵树均已成材，郁郁葱葱，非常高大。

更值得欣慰的是，朱梦仙的后人们亦善营园艺，现在园内依旧遍植花木，果树有水蜜桃、槜李、葡萄等，花卉有凌霄花、紫薇、月季、牡丹、水仙、蝴蝶花等，绿树成荫，花香不断，置身其中，心旷神怡。睹物思人，不胜感慨。

钱君匋先生小朱梦仙10岁，称朱梦仙为师，见面执师礼，朱梦仙曾送给他一些画，其中有一套册页，共十余幅，钱一直视为珍品。1993年桐乡博物馆异地重建，钱君匋先生将这套册页捐赠给家乡。这些画虽然作于七八十年前，但因为是采用天然颜料，所以，至今仍色彩鲜艳，笔墨犹新，画中蝴蝶栩栩如生，花卉绚丽夺目，令人叹为观止。

槜李禀性

（诸李）虽各有所长，但较诸槜李，乃瞠乎其后。产地在桐乡南门外，厥果硕大，然限于一隅，栽植之区，只三十方里，移种稍远，味即减逊，甚至肉质沙而无浆。百里外者，果形小如弹丸，更属郐下。

——民国郑逸梅《漫谈槜李》

檇李禀性

檇李佳果，备受人们珍爱，理当广为栽种，丰产其果，以飨天下。然而，珍奇之物总是不可多得，或许这正是自然规律。

而所谓“禀性”，乃指一个人与生俱来的天生资质，这种资质大多来自遗传因素。以人喻物，则檇李自当有其禀性。

（一）檇李可谓“果界大熊猫”

查《檇李谱》所载并据果树专家和果农介绍，檇李的生长与栽培要求甚高。

檇李以野桃为砧木嫁接者，树易长而寿命较短；以野李为砧木嫁接者，树形矮壮、利于管理、寿命较长却生长缓慢。一般嫁接后5~7年方能结实，如结实偏早则反而发育不良，甚至枯萎而死。

檇李年年花开满树，但落花落果严重，自花结实率低，每条花束状果枝平均坐果数为0.34个，约计花百朵，结实仅三四枚。原因是檇李花受精力极弱，植檇李者须间植别种李树，使其多受花粉，结实可望稍丰。

檇李花期集中而短暂，从初花期至盛花期一般只有3~4天，而花期恰逢早春，往往阴雨低温，以致花粉发育不良，直接影响蜜蜂等昆虫的传粉授粉。

槜李对气温和湿度的要求较严，冬晴过燥或冬雨过湿则结实必稀，终霜期的早迟对槜李产量、品质的影响甚为明显；开花期如遇久晴温燥、久雨过湿等不良天气，势必造成减产或品质下降；成熟期如突遇高温闷热天气，则一夜之间可致果实逼熟、纷纷坠落。

槜李果实最忌浓雾，花期如遇连朝重雾则不能结实，幼果遇雾则必至脱落。

槜李喜地势较高的疏松壤土，尤喜浅海沉积黏质壤土，要求土层深厚，肥力中等以上，要求含有较丰富的钾、镁、磷元素，pH值6.5为宜。

至于嫁接栽植、施肥排水、修剪整枝、授粉坐果、除虫防病驱鸟等诸多环节，槜李均有较高的技术要求。

种种苛严条件，造成了槜李荒熟相间、大小有年，制约了槜李的丰产丰收。近年来虽然加强了丰产栽培的科学研究和技术推广，也取得了喜人的成果，但槜李“大熊猫”般的地位依然如故。

（二）槜李独钟桐乡

人们期望引种槜李，广而分享其妙，但往往事与愿违。槜李生性娇贵，不宜移植他乡，远徙必致变异退化，正所谓“迁地弗良”。在桐乡，确切地说是在槜李的核心栽植区梧桐街道桃园村一带，历年栽种从未间断。槜李已适应桐乡的土壤、水质、气候和果农的栽培管理水平，因而留恋宝地，独钟于此。

这自然让人联想到战国时晏子出使楚国时说的那段话：“橘生淮南则为橘，生于淮北则为枳，叶徒相似，其实味不同。所以然者何？水土异也。”（《晏子春秋·内篇杂下》）意思是：橘树生长在淮河以南就是橘树，

图8　红粉佳果

生长在淮河以北就变成枳树，只是叶子相似，它们的果实味道不一样。为什么会这样呢？是因为水土不一样。在这里，晏子是以“橘变枳”来比喻环境对人的影响。但我们以此来说槜李，岂非同样道理？槜李离不开养育它的桐乡大地。

朱梦仙在他的《槜李谱》中说：

> 槜李产于桐乡南门外者，为最上乘。果大味甘，足以傲睨一切。产李之中心区，曰槜李乡。[1]所产之李，甘美逾恒，迥异凡品。然其区域甚小，栽植之区，约只三十方里。移植稍远者，其

① 即现今桐乡市梧桐街道桃园村一带。

味即逊。故在区域之外，虽有栽植一二本者，但只供点缀耳，味可不必论矣。近来邻邑远区，竞相种植。但其果味平庸，绝无妙处。余如杭嘉甪里[1]所产。形似而已，味则望尘莫及也。

可见，檇李比橘树更经不起远徙移植，《檇李谱》还讲了一则逸事以证之：说是湖州一位有地位的人，曾经托朱梦仙的亲戚在桐乡购买了二十棵檇李树，移栽到百里之外的湖州，等到结果子的时候却大失所望，因为所结檇李之果形体小而味道劣，与传说中的珍果有天壤之别。于是断定这批檇李树是伪品，还对别人抱怨说是被朱家亲戚欺骗了，待到后来向桐乡果农打听了解，才知檇李的确不宜远徙，于是“怅然久之”。

檇李产地不广、栽种难度大、熟果贮运不易，加之“迁地弗良”难以外徙引种，以至物稀为贵，身价益增。往昔，除了列为贡品，往往达官显贵方可一得；如今，产量虽有提增，贮运已趋便捷，近销沪杭，远售港澳，京城登堂入室、国宴款待外宾，但桐乡檇李珍稀依然，不可多得。

---

① 甪里：古地名，在今江苏吴中西南，此泛指苏州一带。

檇李春秋

植物有李兮，应玉衡之星精；受命南国兮，特以檇名。产维杨吴会之交兮，载于鲁《春秋》之经。

——清朱彝尊《檇李赋》

古城遗迹认依稀，朱实离离映夕晖。争说西施曾醉此，长留爪印是耶非。

——清刘炳照

槜李春秋

槜李,品位珍,禀性奇。清代王逢辰《槜李谱》说,槜李是受北斗七星之玉衡星所主,钟灵毓秀,得天地之灵气,这更给槜李增添了一份神秘色彩。人们赞美槜李的"今生"精彩,也好奇于它的"前世"来历。

(一)槜李:地以果名,果因地珍

先释槜李其名:

槜,以木有所擣也,从木雋声。《春秋》传曰:越败吴於槜李。(汉许慎《说文解字》)[①]

《春秋》本作槜李,《公羊传》作醉李,《越绝书》作就李,《史记》及《汉书》并作雋李,《集韵》或作檇。又嘉兴县《何志》相传吴王醉西施于此,故一作醉里。然槜李味甘如醴,《公羊传》称醉李,即此义也。故近人亦称醉李。(朱梦仙《槜李谱》)

① "槜"的读音,宋徐铉注为"遵为切"。"擣"即"捣",应是当时植物栽培的一种方法。北魏贾思勰《齐民要术》卷四:"嫁李法,正月一日或十五日,以砖石着李树歧中,令实繁。又法,腊月中,以杖微打歧间,正月晦日复打之,亦足子也。"

槜李的身世源远流长,追溯到2500多年前,我们在《春秋》一书中觅到了槜李的最早身影。那是关于吴越两国"槜李大战"(公元前496年)的记载。而此处槜李两字是地名,"槜李"之地正是今天浙江嘉兴、桐乡一带区域。

根据地名成因分析,这是属于"以物命名"一类,槜李当属"地以果名"。在中国地名类型中有如"蓝田""铜陵""珠崖""葛山""枣强""扶柳""葱岭"等,包括我们桐乡,均属"以物命名"之类。[①]

地以果名,则"果"必在先。以此推论,槜李之地普遍栽种槜李之树的历史当不少于2500年。然而,关于槜李栽植的情况却一直不见于文献记载。直到相隔1000多年之后的南宋,诗人张尧同《嘉禾百咏》中的《净相佳李》一诗才让槜李以佳果的形象现于笔端。此后,作为植物、作为果品的"槜李"多见于文献。而此时,作为地名的槜李却已退出历史舞台,成了文献史料中的资深古地名。

槜李地名不再,槜李之地还在。可以想见,不见于文字记载的那1000多个年头,槜李一向植根于得天时、地利的槜李大地,默默地、顽强地生长着、繁衍着,生命之脉从未中断。及至备受宠爱、身价日俏之后,槜李仍是秉其本性、钟其乐土,不事张扬地生活着。

知道了"地"与"果"的相互关系,我们寻根槜李、了解槜李,便有了时空参照。

(二)寻踪槜李城

前文已言"槜李独钟桐乡",犹言桐乡系槜李之原产地、主产区,此说有何依据?这需从古槜李城的所在方位说起。

---

① 参阅华林甫《中国地名学源流》,人民出版社2010年版。

考诸历史文献，佐以现今地名遗存，可知古代槜李的地域范围很广，除现今嘉兴市域全境外，还包括现今周边的吴江市、上海市、杭州市的部分地域。而史籍记述吴越大战之“槜李”则是指交战地——槜李城及其周边地域。

宋代张尧同有《槜李城》诗云：“螳螂方捕楚，黄雀遽乘吴。交怨终亡国，君王到死愚。”诗后有佚名者附考云：“城在郡城西南四十五里。春秋时，越败吴于槜李，因其地产佳李，故名。”由此推测，槜李城所在区域应是珍果槜李的原产地或主要产区。

那么，槜李城的确切位置在哪里呢？遍查现藏历史典籍和古今方志，发现对槜李城地理位置的记载有多种说法。

第一种说法：槜李城在嘉兴县南。杜预注《左传》曰：“槜李，吴郡嘉兴县南醉李城。”这是“槜李城”最早见于文献记载，杜预(222—285)是三国至西晋时期著名的政治家、军事家和学者。阚骃《十三州志》记载：“由拳故城在嘉兴县南，今谓之柴辟，即旧槜李也。”郦道元《水经注》记载：“谷水出吴小湖，径由卷县故城下……《吴记》曰：谷中有城，故由卷县治也，即吴之柴辟亭，故就李乡槜李之地。秦始皇恶其势王，令囚徒十余万人污其土，表以污恶名，改曰囚卷，亦曰由卷也。吴黄龙三年，有嘉禾生，由卷县，改曰禾兴。后太子讳和，改为嘉兴。《春秋》之槜李城也。”

阚骃和郦道元都是南北朝时期北魏著名的地理学家，他们认同“槜李城在嘉兴县南”的说法，而且认为槜李城就是“故由拳县治”和“柴辟亭”所在的地方。宋王存等著《元丰九域志》、宋欧阳忞著《舆地广纪》基本同意阚骃和郦道元的观点，只是不认可“柴辟亭”就在“故由拳县治”的判断。

第二种说法：槜李城在嘉兴县南37里。唐杜佑《通典》记载：“苏州，春秋吴国之都也。其南百四十里,与越分境。昔吴伐越,越子御之于槜李,则今嘉兴县之地。槜李城在今嘉兴县南三十七里。"

唐李吉甫《元和郡县志》记载:"嘉兴县,望北至州一百四十七里。本春秋时长水县,秦为由拳县,汉因之。……勾践称王,与吴王阖闾战,败之槜李。故城在今嘉兴县南三十七里。"

唐陆广微《吴地记》记载:"嘉兴县,本号长水县,在郡南一百四十三里。周敬王十年置,在谷口湖。秦始皇二十六年重移,改由拳县。"

杜佑(735—812)和李吉甫(758—814)明确指出槜李城址在当时的嘉兴县治南37里。陆广微约于唐乾符三年(876)撰成《吴地记》,基本认同杜佑、李吉甫的观点,他还指出长水县即由拳县治,在谷口湖。

第三种说法:槜李城在嘉兴府城西南45里。元《至元嘉禾志》记载:"槜李城,在县南四十五里,高二丈,厚一丈五尺,后废。按《旧经》,故战场在县南四十五里夹谷中,即秦长水县古槜李城也。"《至元嘉禾志》所称《旧经》,其全称是北宋大中祥符《秀州图经》,是嘉兴最早的一部州(府)志,已佚。据方志专家称,《秀州图经》是当时朝廷命李宗谔主持的全国普修州县图经之一,属于资料可靠的地方文献,其权威性非他志可比。

明弘治《嘉兴府志》、嘉靖《嘉兴府图记》《明一统志》、清顾祖禹《读史方舆纪要》《古今图书集成》、清代的几本《嘉兴府志》等均基本认同《至元嘉禾志》的说法。

第四种说法:槜李城在桐乡濮院之西。明万历《嘉兴府志》记载:"槜李城,在(桐乡县)濮院之西,濮院即古槜李墟也。"

第五种说法:槜李城在桐乡濮院一带。《四库全书》载有张尧同《嘉禾百咏·槜李城》诗,诗后有佚名作者所撰附考就认为槜李城"即今濮院”。清康熙《桐乡县志》记载：“濮院镇，古檇李地，在梧桐乡，去县东北二十里。”“周敬王六年置长水县，桐地隶长水。即古檇李也。”

第六种说法：檇李城在桐乡千金乡北、永新乡南。清嘉庆《桐乡县志》记载：“吴伐越，勾践迎击之檇李。（按：非今之郡治也，去嘉兴西南四十五里，有檇李城址，即越败吴处也。其地南有越王烽火楼，千人坡，在今千金乡。北有吴王走马冈、洗马池，在今永新乡。又有东西二草荡，界桐乡、石门、海盐三县，相传春秋时吴越战场。）”“濮院在梧桐乡，县东北一十八里，古檇李墟也。”

第七种说法：檇李城在嘉兴县治南5里。宋乐史《太平寰宇记》记载：“故由拳城在今（嘉兴）县南五里，秦始皇见其山有王气出，使诸囚合死者来凿此山，其囚倦并逃走，因号为囚倦山，因置囚倦县。后人语讹便名为由拳。”

第八种说法：檇李城在嘉兴府治南30里本觉寺。明代黄省曾《游檇李城赞》谓：“檇李者，春秋时吴越分境。故曰由拳，吴之备候塞也。古名长水，今犹目其都乡、城址在郡治西南三十里本觉寺。”汉赵烨载：“二十年，勾践伐夫差，战于檇李，吴师大败，即寺地也。”而《越绝》则云：“越师伐吴，未战，值阖闾卒，故败而去也。”

其他说法还有，朱彝尊《檇李赋》：“府治西南二十里，旧有檇李城，今芜没。”清乾隆《梅里志》：“檇李城在（梅会）里南七里，久已芜没。”《钦定大清一统志》：“檇李城，在秀水县西南七十里。”等等。

下面我们来梳理分析一下关于檇李城确切地点的种种说法。

上述第二种“檇李城在嘉兴县南37里”和第三种“在嘉兴府城西南45里”的说法其实并不矛盾。据《读史方舆纪要》记载：唐乾宁三年（896），镇将曹信“改城嘉兴”。说明嘉兴县治在晚唐时期曾经迁徙改建，在此前后所记录的地理距离自然会不尽相同，而且此两种说法与第一种“槜李城在嘉兴县南”的指向一致。嘉庆《嘉兴府志》曾明确指出：“杜氏《通典》槜李城在唐时嘉兴县南三十七里。今郡城经唐乾宁改筑，盖已徙而之北，故至元志、柳志并称四十五里，非与杜氏异也。”

上述第四种“槜李城在桐乡濮院之西”与第六种“槜李城在桐乡千金乡北、永新乡南”的说法也不矛盾，千金乡就在桐乡濮院之西，离濮院仅几公里。第五种“槜李城在桐乡濮院一带”说法，可信度较低，因为濮院的历史沿革比较清楚，历代相传该地为槜李圩，而非槜李城。

第七种“槜李城在嘉兴县治南5里”说法，不足为信。嘉庆《嘉兴府志》和光绪《嘉兴府志》都曾指出：“乐史《太平寰宇记》云：故由拳城在今（嘉兴）县南五里。……由拳城即旧槜李城也……至元志载：在城五乡，其一曰由拳，今讹为油潭。此又因乡名而讹，非谓由拳城在此也。”意思是在嘉兴县治南5里处确有由拳乡，但不能因乡名而讹传为槜李城。

第八种“槜李城在嘉兴府治南30里本觉寺”说法，嘉庆《嘉兴府志》和光绪《嘉兴府志》也曾指出：“考至元以后诸志，本觉寺有槜李亭，不言有槜李城。”意思是本觉寺周边确实发生过吴越战事，确建有槜李亭，但不能据此就认定这里就是槜李城。

分析上述诸家说法，实际上可归纳为两种说法：一是槜李城旧址在今嘉兴（原府治）西南45里附近。二是槜李城旧址在今桐乡市濮院镇西至原千金乡附近。

现今桐乡市梧桐街道桃园村，地理位置正处于嘉兴市的西南，濮院镇以西，与硖石镇北的双山、屠甸为邻，原属千金乡，而且农家向来有栽培槜李的传统，现仍为桐乡市名特产槜李的主要产区。1932年，桐乡县屠甸区建槜李乡，下辖桃园等6个村。槜李乡东界距嘉兴县治40里，西

图9 槜李之地桃园村

界为48里。桃园村位于嘉兴西南约45里，东距屠甸镇6里，东北离濮院18里，当地小地名尚有槜李埂、槜李圩、槜李桥等。桃园村周边还有许多如南长营、千人坡等吴越的军事遗迹。

据此可以认为，桃园村极有可能就是古代槜李城的所在地，或者至少也是与槜李城相距不远的周边地区。“槜李——槜李城——桐乡槜李核心产区桃园村”构成了一个较有说服力的“推论链”，说桐乡为槜李珍果的原产地、主产区是言之有据的。

（三）槜李嫡传在桐乡

宋元明清时期，有不少文献分别记录了不同历史时期嘉兴市境内槜李的栽培情况，从中可以看到：槜李的栽植是多处并存的一个“面”，并非仅此一家的孤立“点”；而所谓槜李“真种”的传续，也非孤立的“一线单传”。千百年来，槜李在槜李大地上生长繁衍，应该是多“点”齐头并进，其中得天时地利人和者、内外部因素相谐者，宜乎其生存不息、传之久远。

据史料记载，现嘉兴市域范围内曾栽槜李之处，主要有：

1. 净相佳李

净相寺旧址在现嘉兴南湖区新丰镇净相村。净相寺始创于南齐，即公元500年前后，不知何时开始栽植槜李，张尧同的诗证明净相寺在宋代已是“佳李”的著名产地。佳李是比较一般槜李而言，这又表明当时槜李种植已较广泛。至清初，净相寺僧人分十房，仅五六房各植槜李数株，估计总数不过五六十株。由于槜李味美名高，历代封建官府常向净相寺勒索进奉，该寺僧人不乐培育，果树遂逐渐衰败。清初朱彝尊撰《槜李赋》，序中说：“李惟县东净相寺有之，近苦官吏需索，寺僧多伐去，将来虑无存矣！”至清代中期，净相寺槜李树仅余二十余株，寺周边方圆数里，为佛门风气所化，都有栽植槜李的，但无成片种植者。嘉庆十七年(1812)之夏，新篁人张灏发起，集文人雅士数十人赴净相寺结诗社，品赏槜李，联吟成册，时称“槜李之会”。清道光末年，新篁人王逢辰邀请海盐名人黄燮清和数十位诗人多次来净相寺“雅聚”，品尝槜李，留下诗篇。这些诗对净相寺的环境、寺内槜李生长的状况、槜李果实的品质以及啖食槜李的情景记述颇为具体。王逢辰还于清咸丰七年（1857）编撰完成《槜李谱》，这是我国关于珍果槜李的第一部专著。清光绪时，净相寺已无槜李，20世纪二三十年代，僧人反从栖桎李园移回四株栽植，以点缀古迹。抗战后仅存一株，至20世纪50年代中，仅剩的李树通体枯萎，净相寺佳李从此风光不再。

自宋至清，净相寺无疑是槜李的著名产地之一，但把净相寺认定为槜李的原产地显然是不妥的。而从净相寺及周边地区所产槜李数量看，也难以成为嘉兴市境内槜李的主要产区。

值得注意的是，朱彝尊在《槜李赋》序文中说：“府治西南二十里，旧有槜李城，今芜没，李惟县东十里净相寺有之。”在《槜李赋》正文中则言：“自空城之芜没，迁净相之梵宇。”这说明，槜李原产于府城西南之槜李城一带，而非府城东之净相寺，净相寺的槜李是从槜李城一带引种而来的。

2. 徐园槜李

明代李日华在《紫桃轩杂缀》中记述：“余少时，得尝徐园李实，甘脆异常，而核止半菽，无仁。园丁用石压其根，使旁出而分植之。一树结实止三十余枚，视之稍不谨，即摇落成空株矣。以故实甚贵，非豪侈而极意于味者，未始得尝也。”“人云此即槜李，未知是否？”李日华记述的徐园李品质亦佳，但与槜李的品质不合，应是李类中另一品种。

明末，嘉兴文人谭贞默、胡须多派人专程赴常熟向钱谦益馈赠槜李，钱夫人柳如是一眼就识出是徐园李而不是槜李。于是，钱牧斋作《禾髯遣饷醉李，内人开函知为徐园李也，戏答二绝句》，诗云：“醉李根如仙李深，青房玉叶漫追寻。语儿亭畔芳菲种，西子曾将疗捧心。”“不待倾筐写盎盆，开笼一颗识徐园。新诗错比《来禽帖》，赢得妆台一笑论。”嘉兴文学家曹溶亦有诗云：“净相僧坊起盛名，徐园旧价顿教轻。尝新一借潜夫齿，嚼出金钟玉磬声。”

朱彝尊《鸳鸯湖棹歌》也写到过徐园李：“徐园青李核何纤，未比僧庐味更甜。听说西施曾一掐，至今颗颗爪痕添。”诗后原注：“徐园李核小如豆，丝悬其中，僧庐谓净相寺产槜李，每颗有西施爪痕。”

清道光年间刊行的《灯窗琐话》记载：“徐园，在城南，今树尽薪矣。”清末，徐园似已不存在，徐园李也似已失传或已蜕变为别种名称。

3. 龙湖槜李

元末李衎曾任嘉兴路总管府同知（副主官），元亡后其家族留居嘉兴，一支世居新篁里西沈（后称栖柽）村。至清嘉庆时，李衎的后代李源（即李永清，字泉石）在村中河港（雅称龙湖）畔辟设果园，种植果木，并从数里之外的净相寺移植来槜李四株种于园中。历经百年，经其子李树（槜园）、孙李培增（少园）三代经营，至清光绪中期，已拥有槜李二百余株，品种较纯，称为“龙湖槜李”，成为净相寺槜李衰落后，嘉兴县唯一的槜李集中产地。李培增之子李焕章（进修）亦绍继祖业，又经30余年，李园于抗日战争时期毁于炮火。

李氏数代均为中医，交游广泛，常以槜李馈友赠客，积累了不少别人回赠的文艺作品。清光绪十九年（1893）五月，李培增发出征诗《启》，略叙先世培植槜李、分馈亲友之情谊，希望“增盛名于尤物，得佳句于奚囊”，并提出宽松的要求：“词章非定七言，体裁不拘一律。”“恭呈芜启，盼赐瑶章。”前后所得，有俞樾、张鸣珂、巢勋等七十余人诗词百余首，并把这些诗词作品编成《龙湖槜李题词》正续两编，流传于世。

4. 新篁槜李

嘉兴新篁镇和净相寺相距仅三四里，唐宋时多竹，雅称竹里，亦有栽培槜李的历史。

明嘉靖三十九年(1560)，吏部尚书吴鹏回故乡嘉兴探亲，得知弟弟吴鹤与友人高道渐借住在新篁太平寺内读书，便前往看望。当时，太平寺周围植李树千株，花开如晴雪，垂实似冰桃，果名醉李。僧人煮水泡茶，沸水如涛声，他们把借住的房屋命名为“沸雪轩”，由吴鹏作记，记述寺周槜李栽植的规模和花开的景象，并刻石立碑。《沸雪轩记》是元明两代少见的明确记载嘉兴槜李的文献。清初，太平寺槜李已衰败，俞钟游太平寺曾题过诗，但他说寺中已没有一朵李花。

清嘉庆三年(1798)浙江乡试解元、金石考据学家张廷济是新篁人。其父张镇(字起也、芑也)于乾隆年间曾从净相寺移植槜李数株于新篁家中，并筑小槜李亭，后绘《仙根分种》图，遍请浙江学政阮元，嘉兴知府李赓芸，著名学者吴骞、陈鳣等名家题咏。嘉庆九年，张父故世，树渐衰，后三十年，几坏及半。张廷济一生与槜李结缘匪浅，留下较多的文字和诗篇，仅从他的诗集《顺安诗草》中就可查到不少。他父亲逝世32年后，他用槜李祭祀；祭后将槜李分饷儿孙。他怀念自己家中和岳父家中曾经种过的槜李，作同韵长诗各一篇，表达对槜李深挚的感情。张廷济收藏以槜李为题材的书画图卷不少，其中有桐乡知名画家方薰的《槜李图》，乾隆进士、秀水文学家钱载对珍果槜李的考评文稿，还有不少名家题词。张廷济晚年时期，新篁栖柽李氏所植龙湖槜李已渐兴盛，他也曾为之赋诗。

5. 梅里槜李

嘉兴市秀洲区王店镇，五代后晋天福二年(937)，嘉兴镇遏使王逵居此，“植梅百亩，聚货交易，始称王店”，镇亦名梅里，梅汇，梅会里。梅里也有栽植槜李的历史记载，清乾隆《梅里志》：“槜李产里北七里东瑶庵，每颗有爪痕，相传西施指掐是也。”同时并载有曝书亭诗社朱彝尊、金介复、沈翼、王浤、朱琪、郑迈、徐焞、朱稻孙，徐怀仁、盛支焯等诗友唱和诗。

清初著名学者朱彝尊，官至翰林院检讨，晚年归故乡王店，故居曝书亭现尚存。他学识渊博，著作宏富，对故乡的槜李情有独钟，他撰写的《槜李赋》，具体描述了槜李的历史和传说、生态和品味、产地和特征以及种植培育的经验，是一篇研究槜李种植史和槜李文化的重要文献。在他影响带动下组成的曝书亭诗社，集聚了很多知名的文人，多次以槜李为题，分韵作诗，广为歌颂，对于扩大槜李的声誉，很有贡献。

6. 桃园槜李

对槜李城地理位置的考证分析，可基本认定现今桐乡市梧桐街道桃园村一带正是古代槜李城所在地域或附近区域，说明桃园村一带栽培槜李的历史已有2500多年。北宋熙宁十年(1077)以前，该地尚隶属嘉兴县，所产槜李自然亦称嘉兴槜李。

据历代方志记载，桃园村及附近区域自五代至清都属千金乡。北宋熙宁十年，千金乡等五乡从嘉兴县划归崇德县。明宣德五年(1430)，千金乡等六乡又从崇德县划出置桐乡县。此后，始有桐乡槜李的有关记载，如明万历《嘉兴府志》记载：“槜李城，在濮院之西，濮院即古槜李墟也。”清康熙《桐乡县志·土产》记载：“李，大者为槜李，俗名柏家李，出濮镇之南。”嘉庆《桐乡县志·物产》也有类似记载。光绪《嘉兴府志》则认为：“槜李(城)今已无迹可考。至元志谓在嘉兴县南四十五里，则其地当在嘉兴、桐乡之交，或以为尽属桐乡，亦未必然。”上述种种说法都指向当时的桐乡县千金乡是古代檇李城所在区域，是珍果檇李的产区。

桐乡桃园村，古名桃园头，相传该地自古广栽檇李且从不间断，太平天国后更形成较大规模栽植，至清宣统年间，桃园头家家都有李园。1932年至1946年间，该地曾建制为“檇李乡”（后因区划调整而并入屠甸镇），典型的“地以果名”，足见此地檇李之盛。只是佳果也须文人捧，较之上述“净相”“徐园”“龙湖”“新篁”“梅里”之李，桐乡“桃园”地处小邑僻壤，鲜有达官显贵、文人墨客光临，诗赋之咏自然少见，故桃园檇李犹如田野隐者，在往昔的知名度也就相对不大。

1933年《中华农学会报》第113期发表章恢志《浙江果树园艺概况》，据该文统计，当时桐乡李果年产量共约5万担，每担以8元计，年产额为40万元，这5万担中，檇李当占一定比例。

1935年沈光熙著《桐乡之檇李》一文记述：“产李区域，以桐乡屠甸区之桃源村（编者按，即桃园村）为较广，其余香水浜、鸟船村、蒋家桥、御史坝、致和浜等各处，虽有栽培，但均为数不多。”据沈氏统计，以桃源村为主的6个村共种植檇李58亩、3480株，产量8700斤。

1936年杨炳仁著《桐乡檇李》一文记述：“桐乡县东南的一个市名，商业很繁盛，西约三四里的桃园头这个地方所产的为最佳。那里种植的区域颇广大，李园亦有七八十个，占地约二百亩左右……每园的棵数，八九十株的也有，十多株的亦有……总计每年的产量约三四百担。”

综上所述，各处檇李曾经兴盛一时，而后或失传，或萎缩退化，或毁于天灾人祸，因而风光不再，唯桐乡檇李依然独秀果林。因此可以说：檇李嫡传在桐乡。

图10　桃园槜李

槜李振兴

槜李为果属珍品……初时生产颇盛，近代以来，因乏人研究改良，真种渐少，衰落日甚。无论为保存特产名种或增加农业生产，均有设法改良复兴之必要。

——民国蒋荣《槜李衰落原因及复兴意义》

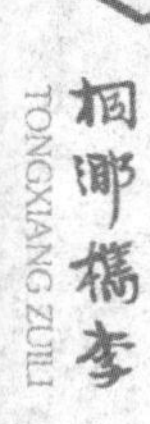

檇李振兴

檇李品质优异，但生性娇弱、生长缓慢、结实率低，加之熟果贮运不易，故以往栽种面积不广、产量不高，难以满足人们的需求。檇李珍如“大熊猫”，惹人爱怜，引为荣耀，却也让人喜忧参半，毕竟人们希望檇李的理想状态是：珍贵而健壮，优质而高产，佳果永续，惠及更广。

（一）民国时期

此时有识之士即已关注、研究檇李，并热切呼吁社会各界重视檇李的发展振兴。嘉兴、桐乡均有热心人士投入调查研究并著文阐述和宣传。主要成果集中于20世纪30年代——

《江浙桃种调查录》，胡昌炽，《中华农学会报》1931年第92～95期。（编者按：该调查课题的对象是桃，但在调查点之一的桐乡桃园村，发现此地檇李优异而闻名，故桐乡这个点就改檇李为调研对象。）

《嘉兴之檇李》，成汝基，《浙江省建设月刊》1933年第6卷第9期。

《桐乡之槜李》,沈光熙,《浙江省建设月刊》1935年第9卷第6期。

《桐乡槜李》,杨炳仁,《浙江青年》1936年第2卷第9期。

《槜李》,王竹如,《浙江青年》1936年第2卷第9期。

《嘉兴槜李衰落原因及复兴意义》,蒋荣,《浙江省建设月刊》1936年第10卷第3期。

《调查报告——嘉兴槜李调查》,杨福如、储椒生,《农村建设》1937年第1卷第6期。

据杨炳仁《桐乡槜李》一文描述,当时桐乡屠甸桃园一带的槜李生产处于历年相比的较好水平。"那里种植的区域颇广大,李园亦有七八十个,占地二百亩左右。这些园子大多在农家附近,外边围着有刺树的篱笆,大的往往在三亩以上,小的亦有一亩多。每园的棵数,八九十枝的也有,十多枝的亦有,排列得还算整齐。在早春的辰光,园花怒放,淡红色的瓣,间着绿黝色的叶,几个黄鹂伴着活泼的粉蝶,歌唱飞舞。这些李园,它们是以天堂看待的。"尽管如此,槜李生产的规模相对于人们的期望而言其实不大,处于小农经济的自然分散状态,且产量起伏不稳,总体上呈萎缩之势。

上述文章分析了制约槜李生产发展的内外部因素,特别是槜李衰落的原因——

成汝基《嘉兴之槜李》:(一)苗木供给不足。1. 认佳良品种为秘宝,不愿外传;2. 接木法之错误,惯用高接;且不明接木原理,因之活者更少;3. 接木本性不易。(二)品系之缺点,一二两号品质虽佳，每多歉收，三四五三号品质稍逊。(三)一定面积内产量低减。1. 混栽杂栽及植距不适；2. 施肥修剪不注意；3. 病虫害防除不力。(四)贮藏包装及运输方法不良，生产费无形增高。(五)不善利用檇李，均供食用，不知设法制造，因之时有产物过剩之患，无可广植。(六)不知创立合作社，实行合作。

沈光熙《桐乡之檇李》：近来因市面衰落，农村破产，乡人又只识守旧法，不加改良，产额自然也渐渐减色许多了。

杨炳仁《桐乡檇李》：民国初年，丝茧昂贵，桐乡为蚕桑繁盛之区，李之收入，不若桑叶之丰，故多砍去李树，而改植桑树，实为衰落之重大原因；更以种植李树者，亦均墨守成法，不事改良，以致日益衰颓，至为可惜。

蒋荣《嘉兴檇李衰落原因及复兴意义》：檇李为果属珍品……初时生产颇盛，近代以来，因乏人研究改良，真种渐少，衰落日甚。无论为保存特产名种或增加农业生产，均有设法改良复兴之必要。兹先将其衰落原因略述如下，以为对症施药之根据：(一)苗木之供给不足：1. 认佳种为秘宝，不愿外传；2. 接木技术错误；3. 本性活着不易。(二)生产条件不妥善——施肥、修剪、防除敌害等作业不注意，以致生长不健，结果减少。(三)品系本身有缺点——品质最优良者，多歉收之年。(四)对于贮藏运销方法不注意，不知加工制造，在昔生产旺盛时代，必有过剩贬值现象，致种植者逐渐灰心。

针对槜李衰落的种种原因，上述文章依据现代理念及植物科学，对槜李的生物学特性、适应条件、栽培技术做了较为详细的探究和阐述，并提出槜李科学化、规范化栽培和组织化生产经营的复兴对策。

除了撰文，还有栽培实践者。民国初年，杭州五云农场向桐乡桃园头引种槜李两株，后繁殖到浙江大学农学院园艺场、萧山湘湖农场、南京金陵大学农场等地，之后杭州闸口附近的仁圃果园也从桐乡引种过槜李。

1930年，嘉兴农校园艺老师成汝基曾出资2000元，在他的试验场地创办果园，向嘉兴、桐乡等地搜集不同品质的槜李，分五个品系进行对比试验，欲选育出优质槜李。

特别是朱梦仙，于其家乡桐乡屠甸镇的“晚翠园”内亲手栽种、研究槜李达10余年，在此基础上写成的《槜李谱》于1937年由上海新中央印刷公司出版，该书对槜李的研究贡献尤大。

有识之士的努力，在一定程度上营造了重视槜李生产的氛围，推动了槜李研究。可惜因随后爆发的日本侵华战争，科学研究未能深入持续下去，槜李生产也因战火之毁、经济萧条而摧残萎缩。

（二）新中国成立后

新中国成立后，桐乡槜李生产得到各级政府的重视和支持。

1950年，《桐乡县农业调查概况》在“果树调查”一章中记载：“槜李为本县特产，栽培面积约三十亩，每亩产量约十五担，全县每年总产量约四百五十担。”[①]

---

① 桐乡市档案馆/档案号J055-001-001-013。

1952年,桃园农业生产合作社的桃东、桃西、倪家浜、乌船村、马家园5个自然村,通过更新补植,槜李生产得到较好恢复。是年夏,桐乡槜李参加全国土特产交流会展出,被评为全国优质果品。之后,桐乡槜李生产又有发展。

1956年8月1日,因强台风过境,槜李树被吹倒80%,损失很大。

1961年,《桐乡县林业调查报告》第二章"水果"记载:1957年百桃公社桃园大队的总户数为365户,共种植槜李2756株,平均每户7.55株。至1961年时,该村仍为365户,共种植槜李481株,平均每户1.32株,槜李生产严重退缩。社员在房前屋后栽种果树的积极性之所以降低,主要是因为1958年到1960年秋曾将社员的自留地收回,同时,"大跃进"大办钢铁也砍掉了不少果树。于1960年冬到1961年春进行了补种,才开始逐渐恢复。该调查报告提出的"果树发展规划"说:"今后发展水果,以桐乡槜李和水蜜桃为主……发展水果生产,必须贯彻集体办果园和社员屋前屋后种植树两条腿走路的方针。"[①]

1961年,省人民委员会拨款1000元,扶持桐乡桃园槜李生产,帮助农家购进槜李树苗并在桃园大队开辟了集体槜李园一处,使槜李资源得到更好的保护。

进入20世纪70年代,省、地、县有关专家多次在桐乡共商保护槜李种质资源的措施并开展多项试验研究,重点在桃园大队选取优良母本树进行繁苗。同时,在全县培训技术力量,布点扩种,并对槜李园的老树进行修剪更新,培肥复壮及采取熏烟防霜、人工授粉和防治病虫害等措施,使树势得到恢复,李园面积有所扩大,槜李产量、品质明显提高。

---

① 桐乡市档案馆/档案号J055-001-085-088。

图11 花闹枝头

在科研方面，1957年，浙江农学院教师孙宏宇对桐乡槜李进行了专门研究，并撰写《浙江桐乡槜李品种的调查研究》[1]一文，对桐乡所栽的7个李品种进行了研究分析，其中分析了槜李低产的原因是："槜李虽有较多的花朵，可是它有自花不孕的特性；花器有退化现象，雌蕊短于雄蕊；部分花粉囊发育不完全，花粉较少。虽然它开花数量多，但早期落果

①《浙江农学院学报》1957年第2卷第2期。

现象很严重，所以产量不多。”该文作者“建议浙省农业领导机构，今后应对该地李品种进行选种育种和良种繁育工作，并对当地农业社加强栽培管理技术指导”。

20世纪70年代初期，桐乡县农林局水果专家通过试验对比，认为槜李低产的原因主要是自花授粉坐果率低，从不同授粉方式来看，以人工授粉坐果率最高，自然授粉次之，套袋自交坐果率最差。试验后，对提高槜李坐果率采取三条措施：一是选育出自花结实率高、品质好的优质单株，并进行繁殖推广；二是针对槜李自花结实率低的特点，加强花期放蜂和人工授粉工作，以提高槜李坐果率，对新种植的槜李应配置蜜李授粉树；三是花期、幼果期易受冻害、风害危害，应采用大棚保护措施栽培，以避免空气污染，并可提高气温，达到保护花束、幼果和提高坐果率的目的。之后，有关专家对各种低产原因采取对应措施，并在桃园大队选出优良槜李母本树进行嫁接繁苗。

图12　俏佳果

(三)改革开放以来

1979年12月12日,浙江省农业局致函桐乡县农林局:"'桐乡槜李'是我省传统名果之一,历史悠久,应予恢复生产。你县计划派员外出学习的费用可在我局每年下拨你局的农业事业费中开支。良种繁育费用,原则上也应在农业事业费中开支,今后如有可能,我局可考虑补助。"[①]这标志着在省级层面的重视下,桐乡槜李的发展振兴进入了新阶段,并从多个方面扎实推进。

科研先行

1979年,浙江农业大学教授陈履荣和桐乡县农业局特产技术干部张佐民、许敖奎等,对槜李原产地的气候和土壤进行调查分析:(1)桐乡地区气候,年均气温16℃,全年无霜期230天,晚霜期4月16日左右,年降水量1200毫米。温暖湿润的气候,较长的生长季节,总的来说,有利于槜李的生长发育,但在槜李的开花、坐果与成熟期间,也常会遇到一些不利气象,在一定程度上影响着产量与质量。所以槜李产量有"大小年"之分。(2)土壤特性,原产地桃园大队土壤系浅海沉积土,果园土层深厚,中上等肥力,黏质壤土,pH6.5,地势较高,梅雨季节最高地下水位60厘米左右。根据土壤养分测定结果,营养元素中钾、镁较丰富,有利于槜李生长发展,有利于果实肥大和糖分的增高,反之,如果施氮肥过多,糖分则显著下降。

在专家指导下,1980年桃园大队果园改进施肥方式,一般每株施硫酸钾0.5公斤,同时在生长期内又喷施三次0.3%的磷酸二氢钾。据测定果汁平均可溶性固形物为14.1%,比1979年增加0.8%,最高的则达

① 桐乡市档案馆/档案号M055-001-287-103。

19%,味甘且芳香浓郁。同时指导周边果园改进施肥习惯,以前槜李园都施氨水,果实品质一直提不高,1980年改为年初每株施羊肥50公斤,外加过磷酸钙2.5公斤,果实品质有显著提高。

专家对槜李栽培技术提出相应建议:栽植槜李须掘深沟,筑高畦。定植穴的深度和宽度以60~80厘米为宜,定植前施足基肥,每穴约施25公斤腐熟堆肥或厩肥。栽植后如无雨,宜浇水以保成活。同时要实行密植,一般株行距宜4米×2~3米或3.5米×2.5米,并配置好授粉树。在培育管理方面,对结果树必须于采果后施足有机肥,以恢复树势。追肥于6月中旬必须施一次钾、磷肥,每株硫酸钾和过磷酸钙各0.5公斤,以助果实肥大并促进着色,提高糖分。此外,在生长期还需喷布叶面肥0.3%磷酸二氢钾和0.3%尿素2~3次,果实成熟期要特别注意疏沟排水,以减少裂果,提高糖分。同时注意修剪整枝,树形以自然开心形为主,也可做主干疏层形。对没有授粉树的槜李园要适当配植高授粉树种和饲养蜜蜂,以增加异花授粉的机会。如遇寒流或霜冻的天气,必须于凌晨3时起熏烟防霜直到早晨5时半后停止,减少花和幼果冻害。有条件的连片李园,可以设立防风林,以栽种常绿树为主,可以有效地改善小气候,抵御大风侵袭,且有利于蜜蜂活动,同时要加强病虫害防治。

上述槜李研究项目于1980年获得嘉兴地区科技成果二等奖。

采取有效措施后,槜李生产恢复与发展初见成效。1980年,实地测定了桃园大队270株老槜李树平均单株产量19.6公斤、总产3.19吨,比1979年的单株产量3.65公斤、总产0.96吨,分别增长436.9%和232.3%。1983年,浙江农业大学教授陈履荣会同桐乡县农业局科研人员,在对桐乡槜李观察研究基础上著文《槜李若干生物学特性及其栽培措施》,摘要发表于中国农业科学院果树研究所编的《中国果树》该年第1期。

1984年,省农科院在桐乡召开全省李、杏果品鉴评会议,桃园村选送的槜李被评为省内优质名果。1990年起,桐乡槜李陆续进入港澳地区。1998年,槜李在市场上供不应求,桐乡槜李售价50元/公斤(同期嘉兴郊区所产槜李售价25元/公斤),香港地区桐乡槜李售价150港元/公斤。

1999年,桐乡市农林局与浙江大学、省农科院、省农业厅等部门合作,对槜李大棚避雨栽培、优株选育等项目进行调查和试验研究,并制定了一系列栽培技术规程,编制了桐乡槜李地方标准,后又分别于2004年、2009年重新修订,正式列入桐乡市农业地方标准《无公害农产品——桐乡槜李》,为桐乡槜李生产提供了技术保障。

2013年,在槜李文化周期间,梧桐街道举办了槜李产业研讨会,围绕槜李文化如何与槜李产业密切结合,力求创新发展这一主题进行研讨。会上,浙江农科院园艺所所长谢鸣、中国科学院南京植物研究所副所长郭忠仁、中国酒业协会果露酒分会秘书长兼葡萄酒专家委员会主任陈泽义及桐乡市农经局农艺师杨承禹等作了槜李现代化栽培技术、产业发展和槜李文化等专项讲座,为槜李产业发展把脉,为桐乡槜李产业创新发展增添了活力。

2016年,桐乡市农业技术推广服务中心实施"桐乡槜李品质提升及关键技术改进"研究项目。通过项目实施,取得多项成果,主要有:(1)筛选出适宜本地栽培的优良品种,为桐乡槜李产业提供纯正种质,完成对桐乡槜李种质资源的调查和保护工作,设立桐乡槜李种质资源保护区60亩;开展五大种类优质种子的收集和保存,扩繁桐乡槜李的优株10类共810株,蜜李、美人李、野生种3类各95株及嘉兴槜李427株,总计1332株。(2)研究创新槜李品质提升的关键技术,形成了一套以避雨加反光膜栽培的核心技术，注重冬季修剪、合理肥水、病虫害绿色防控、驱鸟器防鸟的技术体系。2016—2018年，在梧桐街道和屠甸镇进行示范推广，避雨栽培应用面积80亩，反光膜应用面积104亩。(3)创新开发槜李气调保鲜盒、槜李互联网销售的采后保鲜技术。

图13 设施、技管提品质

行政推动

1998年6月，浙江省农业厅厅长赵宗英到桐乡、嘉兴郊区（1999年更名为秀洲区）调研檇李生产情况，听取了桐乡市农林局、嘉兴郊区农林局的檇李生产情况汇报。调研情况引起省农业厅高度重视，赵宗英厅长专门向省政府领导提交了《关于我省檇李生产情况的汇报》。该汇报在分析"我省檇李生产的现状"后，提出"关于发展我省檇李生产的几点意见"，即：(1)联合攻关，完善技术；(2)统一规划，扩大生产；(3)扩大宣传，打出品牌。

省长柴松岳在阅读《关于我省檇李生产情况的汇报》后做出批示："赞成宗英厅长的三点意见，要积极抢救，使这一历史悠久的名果重放光彩。"随即由省农业厅牵头专门制订檇李抢救实施方案，组建项目领导小组和技术指导小组，由桐乡市和嘉兴秀洲区组建实验小组，开展相关工作。

1999年7月，为进一步推进檇李振兴，成立了"嘉兴市檇李研究会"，嘉兴市人民政府原市长杜云昌出任研究会会长。研究会的任务为：(1)抢救、保护珍果檇李；(2)在优良单株株系圃发展形成后，鼓励果农"择优汰劣"，逐步更新，然后择址发展，搞家庭庭院经济，逐步形成若干"檇李村"；(3)逐步实现檇李生产的产业化；(4)发掘、弘扬檇李文化。

桐乡市政府及相关职能部门，桃园村先后隶属的百桃乡、屠甸镇、梧桐街道，都合力推进檇李生产的发展振兴。

从组建檇李专业合作社到通过檇李农产品地理标志登记；从基础研究与技术指导到檇李产业提升项目基地建设；从优化檇李品质、扩大栽种面积到标准化生产、产业化经营；从单纯抓檇李生产到檇李生产与美丽乡村建设、乡村振兴战略紧密结合；从传承弘扬檇李文化到积极对

外宣传提高桐乡槜李及美丽桃园的知名度等诸多方面做了大量扎实的工作。

近年来，梧桐街道委托上海和杭州等地的专业机构对桃园村的村庄整体布局进行规划设计；通过旅游新业态与美丽乡村的有机结合，进一步激发桃园村的槜李产业活力，目前已形成“槜李+文化+旅游”为主导的产业框架。设立槜李研究所、开辟槜李酒庄观光点、利用浙江桃园

图14　桃园生活

酒业项目生产檇李衍生产品等，实现檇李生产与乡村旅游融合发展。一个世外桃源（桃园）、一个乡村振兴新样本正在健康成长。

关于桃园村的檇李事、檇李人和檇李情，将在“檇李家园”中详述。

资金扶持

配合行政推动，有关部门发挥资金扶持“四两拨千斤”的作用，既从财力上对桐乡槜李的发展振兴给予一定的支持，更从导向上肯定桐乡槜李的地位。

1983年5月，浙江省农业厅、浙江省财政厅在全省传统名果良种繁育和科学实验补助经费中，给予桐乡槜李良种选育补助经费1000元。[①]

1985年9月，嘉兴市农林局下拨“桐乡槜李选种、提纯复壮试验”补助经费1500元。[②]

1987年，桐乡县农林局拨款1万元，扶持桃园村槜李生产。

1997年，桐乡市财政局拨款1万元，扶持桃园村槜李生产。

1998年，槜李被列为省级种质资源抢救与开发计划，省农业厅下拨试验经费30万元，用于桐乡、嘉兴郊区（现秀洲区）槜李的抢救开发。2001年底，该项目通过省科技厅科技成果鉴定，认为达到国内先进水平。

2003年，屠甸镇政府拨款3万元补贴桃园村果农，用于发展槜李生产。

2009年，桃园村槜李基地列入2009年全省水果提升项目，获省农业厅、财政厅“现代农业生产发展资金” 支助资金173万元。[③]主要用于肥水同灌、统防统治系统、连栋大棚设施栽培、冷库及基础设施等建设。

2014年，桐乡槜李列入“浙江省野生植物资源调查项目”（为国家

① 浙江省农业厅、财政厅联合发文——农特[83]158号/财农[83]185号，见桐乡市档案馆/档案号J055-001-377-141。

② 市农林便字[85]12号，见桐乡市档案馆/档案号J055-001-430-092。

③ 浙江省财政厅——浙财农〔2009〕231号。

农业部统一部署)，由省农业生态与能源办公室拨款9万元，对桐乡市境内檇李资源进行全面调查并建立数据库，在桃园村设立檇李种质资源保护区，实行檇李物种长期保护。[①]

2016年，浙江省财政厅、浙江省农业厅下拨经费20万元，用于桐乡檇李完熟栽培品质提升关键技术研究项目(2016—2018年)。[②]

2017年，桐乡市农业经济局、财政局联合发文，下拨桐乡市檇李设施栽培示范基地提升项目资金110万元，其中省补助资金55万元，自筹配套资金55万元。[③]

---

① 见《2014年浙江省野生植物资源调查项目协议书》。

② 浙江省财政厅、农业厅联合发文——浙财农〔2016〕91号。

③ 桐乡市农业经济局、财政局联合发文——桐农〔2017〕82号。

图15　全国野生植物资源(檇李)保护点

桐乡市财政还在历年的农林事业经费中加强对槜李科研、技术指导、人员培训等方面的投入，保障和推进槜李生产的发展振兴。

产业化、标准化、市场化推进

槜李生产作为桃园村的支柱产业，其栽种面积及产量逐年扩大。

据档案记载，改革开放前期的1984年，桃园村槜李种植面积为53亩。[①]至2009年，槜李种植面积扩大到660亩，产果52吨。

2012年种植面积增加到1115亩，总产量181吨。

2013年种植面积1210亩，总产量106吨。[②]

2014年种植面积1200亩，总产量190吨。

2015年种植面积1350亩，总产量220吨。

2016年种植面积1510亩，总产量250吨。

2017年种植面积1615亩，总产量400吨。

2018年种植面积1720亩，总产量420吨。[③]

桃园村槜李专业合作社发挥组织引领作用，统一技术指导和生产服务，槜李生产的产业化程度不断提升。2019年3月，成立桐乡槜李研究所，签约总投资1000万美元的浙江桃园酒业项目，实现槜李水果深加工，为延伸槜李产业链开启了新空间。

为了将槜李栽培的科技成果与生产实践相结合，指导果农科学栽种槜李，实现果品优质、果农增收，桐乡市有关部门制定出台了槜李生产的相关标准。2009年11月，桐乡市农经局、质量技术监督局、果树科

---

① 见百桃乡人民政府1984年2月20日《报告》（桐乡市档案馆/档案号J036-005-276-042）。

② 2009年、2012年、2013年数据采自桐乡市农经局文稿。

③ 2014年至2018年数据由桃园村村委会提供。

图16　丰收季

学技术协会起草并发布《桐乡市农业地方标准规范·无公害食品·桐乡槜李》。2017年5月，桐乡市农业技术推广服务中心制定并发布《槜李绿色生产技术操作规程》。在“文字简明、通俗易懂、逻辑严谨、便于操作”的技术标准和管理标准指导下，桐乡槜李的标准化生产正在不断推进和完善。

桃园村槜李专业合作社发挥产业化龙头作用，统一以“桃园头”为商标品牌，全村果农生产的槜李有70%通过合作社销往各地，有效扩大了桐乡槜李的知名度和市场占有度，实现销售和收入同步增长。

槜李专业合作社还创新销售方式，与“顺丰快递”公司合作开展桐乡槜李网上销售业务，2016年实现快递销售订单1400个，共计3吨；2017年实现快递销售订单6000多个，共计4.5吨；2018年近10吨，购户以江浙沪为主，涉及区域遍布全国各地。

CHARATERISTIC
PASTORAL
COUNTRYSIDE
桃园

槜李家园

槜李，产于桐乡南门外者，为最上乘，果大味甘，足以傲睨一切。产李之中心区，曰槜李乡，所产槜李，甘美逾恒，迥异凡品。

——民国朱梦仙《槜李谱》

槜李家园

在桐乡市城区(梧桐街道)的东南郊约8公里处,有一个桃园村,亦称"桃园头",以前又称"桃源村",这里是桐乡槜李的核心产区,人们世代栽种槜李。"桃园"与"桃源",普通话同音,桐乡方言近音。"桃花源里可耕田",桃园村里宜栽李——地沃、人勤、果珍、景美,正是槜李好家园!

(一)桃园本是槜李乡

桃李争艳,春色满园,桃园村里种桃更栽李。

作为槜李的家园,此地曾为"槜李乡"——桐乡历史上唯一以果品命名的建制乡,设立于民国二十一年(1932),后因行政区划调整而裁撤于民国三十五年(1946),起讫时间为14年。"槜李乡"建制存续不长,却有源远流长的史脉作底蕴,有李花满园、硕果累枝为实证,"槜李乡"是千年槜李家园引以为豪的曾用名。

民国二十年(1931),国民政府推行新的行政区域管理制度,县以下设区,区以下设乡镇,乡镇以下设闾邻,不久后即改闾邻为保甲。民国二十一年(1932),桐乡县划为城濮、青炉、玉溪、日石4个区,辖21个乡、5

图17　槜美桃园村

图18　门对花海

个镇，始设槜李乡，与北日乡、史桥乡、晏城乡、南日乡、分水乡、殳山乡、屠甸镇，共属于日石区（即第四区）管辖。

民国二十五年（1936），桐乡县设五区（城区、濮区、青炉区、玉溪区、塘南实验区），槜李乡属塘南实验区管辖。1939年7月，桐乡县设三区（城濮区、青玉区、日石区），槜李乡复属日石区管辖。1945年底，桐乡各区署裁撤，1946年，划并乡镇，槜李乡并入屠甸镇。

民国三十五年（1946）一月，桐乡县政府绘制《桐乡县全境图》，图内标示的槜李乡所属自然村的地名有徐门村、河东埭、摇橹庵、十八浜、沈家村、桃园头、沈家浜、大鱼池、上大路、北庄兜、顾六门、朱家兜、周家浜等。对照1990年《桐乡县地名志》，徐家门，现称祁门村；摇橹庵，现称姚罗庵；顾六门，现称顾陆门。

槜李乡的范围，北与北日乡接壤，西与史桥乡毗邻，南与晏城乡交界，东面与分水乡、屠甸镇和嘉兴县常睦乡相连。其范围与后来的桃园乡基本重合，位于后来的百桃乡的东南部。

新中国成立后，1950年5月桐乡县设区建乡，在原槜李乡及毗邻区域内分别建百福乡、桃园乡，属屠甸区管辖。

1956年3月，撤区并乡，百福乡、桃园乡合并，各取首字，称百桃乡。

1990年，百桃乡有10个行政村，其中东南部桃园村、新玄村、板桥村、和平村4个村的区域就是原槜李乡范围。

2000年，板桥村与和平村合并，称和平村，至此，原槜李乡范围变为桃园村、新玄村、和平村3个村。

2001年9月，行政区划调整，撤销百桃乡建制，其中桃园村、和平村划入屠甸镇，新玄村划入梧桐街道。

2007年10月，行政区划再次调整，桃园村从屠甸镇划入梧桐街道。

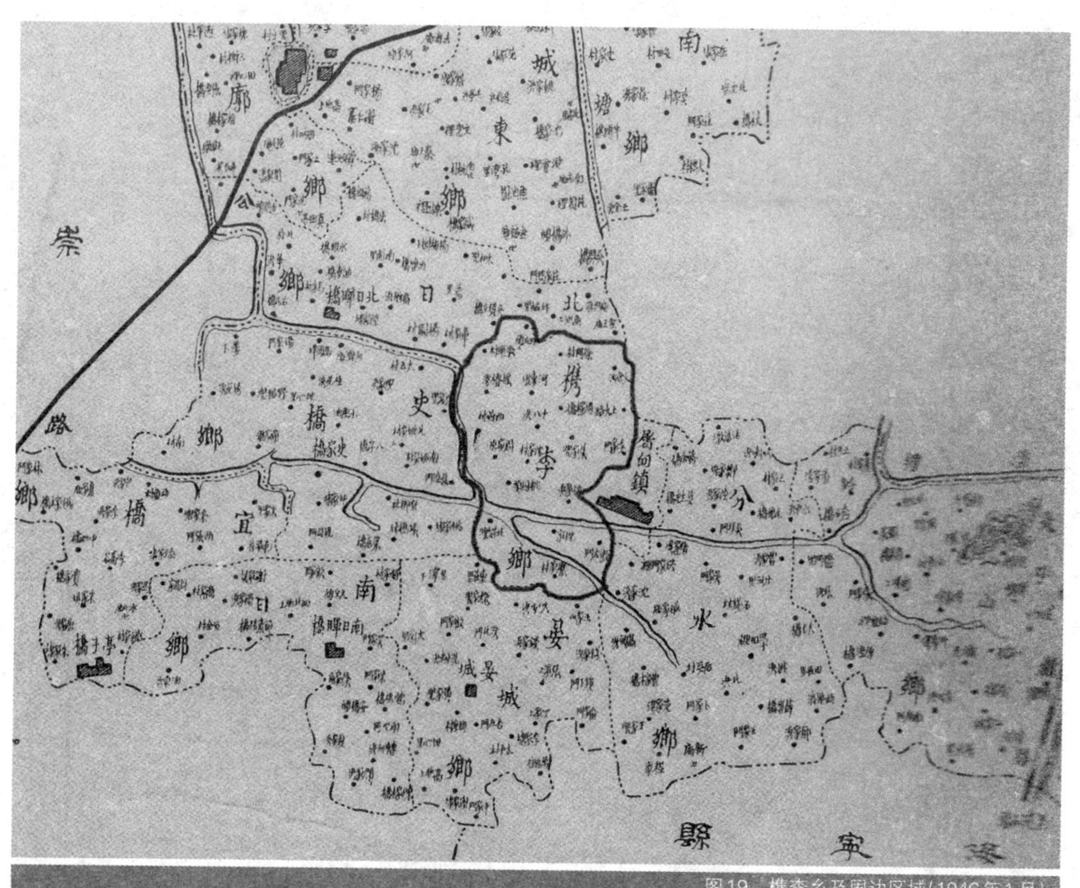

图19 槜李乡及周边区域(1946年1月)

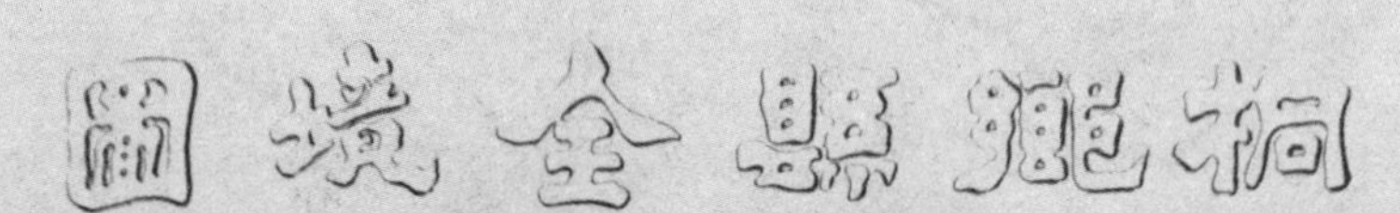

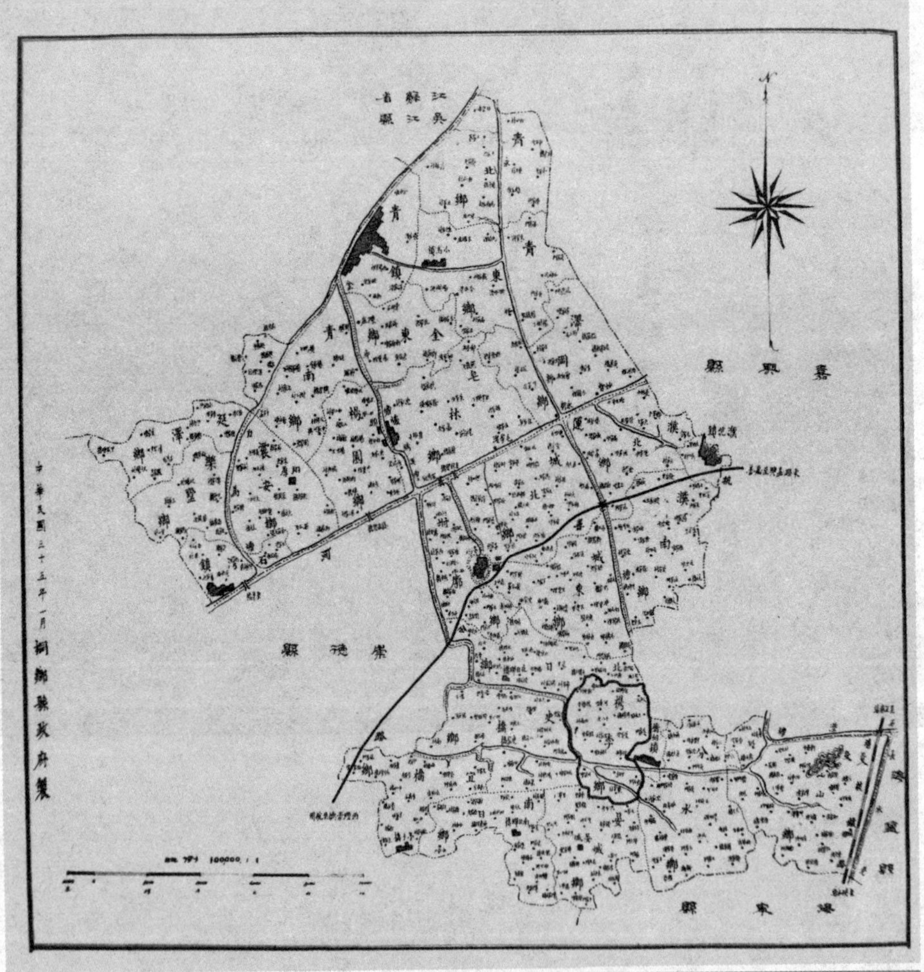

图20 槜李乡位置(1946年1月)

至此，原檇李乡的区域，即今桃园村、新玄村、和平村三村的区域，分属梧桐街道与屠甸镇，即桃园村、新玄村属梧桐街道，和平村属屠甸镇。

檇李乡存在时间并不长，因而在桐乡市档案馆所藏“民国时期档案”中留下的档案资料为数不多（都是檇李乡后期的资料），却是檇李乡曾经存在的历史印记，弥足珍贵。例如——

(1)1944年11月17日，《为创设檇李乡中心小学填具教职员履历及学生名册的呈文》（档案号M8-007-0029-045）。

(2)1946年4月13日，《檇李乡合作社章程、社员名册、创立会议决议、图记启用等》（档案号M8-014-0027-057）。

(3)1946年5月20日，《檇李乡选举县参议员会议记录》（档案号M8-018-0171-085）。

(4)1946年6月30日，《桐乡县檇李乡乡民代表大会呈文》（档案号M5-009-0083-071）。

(5)1946年7月3日，桐乡县政府《为据檇李乡呈报成立调解委员会等情的指令》（档案号M8-018-0073-159）。

(6)1946年7月24日，桐乡县政府《为据檇李乡报启用钤记日期的指令》（档案号M5-009-0083-070）。

……

从中我们可以管窥当时檇李乡的公事运作，看到檇李乡乡公所的公章印记，见到县乡两级公务人员的姓名，一睹办文人员的文笔墨迹……在有限的档案资料中追寻当年檇李之乡的足迹、感受檇李之乡的生命脉搏。

(二)桃园村的槜李事

截至2019年3月,桃园村全村人口有591户、2554人;村域总面积3.3平方公里,耕地面积2937亩,其中超过60%的面积栽种槜李,桃园村真是名副其实的“槜李家园”。

桃园村的槜李事,全体村民是主角,同时有上级和各方的关心支持、合力共创。槜李传承、槜李振兴是一部“交响乐”,不少事已在本书其他章节述及,在此仅以“大事记”挈其要者。

桃园村槜李振兴大事记

2003年

7月28日,桐乡槜李“桃园头”商标在国家工商行政管理总局商标局注册。

2007年

1月,桐乡市桃园村槜李专业合作社成立。

2009年

桃园村槜李基地被列入省水果产业提升规划,项目名称:桐乡市优质高效水果(槜李)基地建设。获省农业厅、财政厅“现代农业生产发展资金”资助资金173万元。

图21　槜美家园

2010年

实施省农业厅、财政厅立项的“优质高效水果(槜李)基地建设”项目,总投资195万元,完成151亩品系改造、3690平方米操作道、2300米渠道、14.97亩连栋大棚、320立方米冷库建设以及核心示范基地内的肥水同灌和植保统防设施。

12月24日,“桐乡槜李”获农业部颁发的“农产品地理标志证书”。

2011年

7月2—9日,梧桐街道办事处举办第一届槜李文化周,主题为“品味千年名果,传承千年文化”。活动内容有槜李特色街开市、“槜李王”擂台赛、广场文艺演出等。

图22　槜园小筑

7月8日，举办“槜李王”擂台赛和现场拍卖会，28户果农选送的精品槜李由有关专家根据外形、重量、色泽和糖度等指标测评，评出一、二、三等奖共六份，其中李根全的一盒极品槜李(内装8枚)获一等奖，被桐乡市星马制衣有限公司总裁魏建华以4.3万元的价格拍得，创槜李价格历史之最。

是年，开始研制槜李酒。

2012年

6月20—29日，梧桐街道办事处举办第二届槜李文化周，主题为“促进产业发展，传承千年文化”。活动内容包括开幕文艺展演、西施槜李园畅游、槜李文化与特色产业发展论坛、当一天槜李社员、赠送“爱心”槜李等。

是年，桃园村槜李酒研制获得初步成功。

2013年

6月24日—7月1日，梧桐街道办事处举办第三届槜李文化周，主题为“共建美丽乡村，同享千年文化”。活动内容有启动仪式、《桃园槜李大比拼》电视专题节目录制、“缤纷桃园李·绝味十八子”水果拼盘创意赛、槜李产业发展论坛。

是年，以桃园槜李为核心的水果产业圈流转土地581.5亩，种植各类水果164亩，其中槜李50亩。

2014年

4月，西施槜李庄园列入桐乡市首批26个百佳景点建设项目。

6月21—28日，梧桐街道办事处举办第四届槜李文化周，活动内容包括开幕文艺展演、农家厨艺大比拼、旅游推介、亲子采摘自驾游、“桐乡好食材，地道桐乡菜”千人团购活动、“随手拍槜李，赢千年名果”摄影

图23　檇李园

比赛、盐官·梧桐文化走亲活动。

是年，浙江省农业生态与能源办公室在桃园村设立“檇李种质资源保护区”。

是年，桃园村开始创建“浙江省历史文化名村”。

2015年

6月19—26日，梧桐街道办事处举办第五届檇李文化周，主题为“游盛世桃园，品千年名果”。活动内容有开幕文艺展演、举办“浓情檇李香·幸福好滋味”烘焙创意大赛等。

7月30日，在梧桐街道办事处召开桃园西施檇李庄园项目论证会，浙江农林大学苏天斌、马军山教授等提出修缮民国时期民居建筑、修筑城墙，以创建AAA级旅游景点，项目预算总投资6000万元。

2016年

是年起，槜李文化周改名为槜李文化节，时间由6月中下旬改为3月中下旬，由品李改为赏花为主。3月20日，梧桐街道办事处举办第六届槜节文化节，内容有“千年贡果”——桃园槜李树认养活动、赏花、“世外桃园”墙绘大赛等。

是年，开始通过互联网销售槜李，由顺丰快递负责递送，当年销售槜李约3吨。

2017年

3月26日，梧桐街道办事处举办第七届槜李文化节，内容有“放飞中国梦·槜美桃园情”手绘风筝比赛、“千年贡果”——桃园槜李树认养活动、摄影比赛、“槜美桃园”微信制作大赛、“当槜李遇见甜麦塌饼”非遗文化活动、“我眼中的文化礼堂”创意设计大赛等。

图24　谁家贡果最美味

12月，桃园村被浙江省生态文化协会命名为“浙江省生态文化基地”。

2018年

6月13日，梧桐街道办事处举办第八届槜李文化节，内容有“咏槜李·传佳话·展风貌”——槜李诗词歌赋征文活动、晒一晒“我心中的槜美桃园”朋友圈活动、“游美丽乡村·展庭院美景”——竹匾画绘制活动等。

7月，桃园村列入国家农业农村部公布的“第八批全国一村一品示范村”。

12月7日，成立“浙江桃园酒业有限公司”，推进开发槜李酒、槜李饮料等产品。

是年，先后获得“浙江省最美赏花胜地”“浙江省果蔬采摘基地”“浙江省无公害农产品产地”称号。

2019年

3月，通过前一时期的规划和建设，桃园村“槜李+文化+旅游”的发展模式初具规模：陆续营造中心村村落房前屋后的自然景观，呈现江南水乡优美庭院的特色乡村风景；新建“槜李堂”用于展示槜李文化积淀；利用村民老宅改建旅游民宿，配套建设富于槜李文化特色的自然教育乐园、文创小店、水吧、餐厅等，实现“逛桃园就是游景区”的目的。

图25 檇李盛会

图26　桃园村檇李堂

图27　檇李堂展厅

3月23日，“桐乡市首届槜李文化节暨桃园村李花观赏季”开幕。槜李文化节的举办者，由梧桐街道提升到市级层面——桐乡市人民政府主办，中共桐乡市委宣传部、桐乡市乡村振兴领导小组办公室、桐乡市农业农村局、桐乡市文化和广电旅游体育局、梧桐街道办事处承办。

开幕式上，举行了“桐乡槜李研究所”成立揭牌和“槜李堂（槜李博物馆）”启用仪式以及“梦想田园”项目、浙江桃园酒业项目和桐乡市槜李产业保险合作项目签约仪式。

3月底，由梧桐街道办事处立项、桐乡市名人与地方文化研究会承担编撰的《桐乡槜李》一书，编撰完成。

6月，由浙江省作家协会与梧桐街道办事处联合举办的浙沪苏作家“走进槜李之乡”采风创作活动启动。

（三）桃园村的槜李人与槜李情

桃园村世代栽种槜李，每家每户都有值得回忆的槜李往事，每个人都有对槜李的深深情愫。我们选请了三位桃园村的“槜李人”，以他们自己的亲身经历来讲槜李事、抒槜李情，并以访谈实录的形式与读者分享。

槜李专业合作社社长沈汉兴访谈录

（沈汉兴，男，1977年生，桃园村沈家村人。1997年开始外出经商，2006年回桐乡创建东江能源有限公司。2011年出任桃园村槜李专业合作社社长。在槜李规模化生产、基地标准化建设和槜李深加工方面，成效卓著，是桐乡槜李产业界的领军人物）

图28 花间笑语

采访者:沈总,您是桃园村人,但想不到我们在东江能源公司采访您,东江能源与槜李是风马牛不相及的,我们想听听您与桐乡槜李是怎么结下这么深的缘分的?

沈汉兴:我是桃园村的沈家村人,与桃园头相距仅500米路,其实我的祖上也是桃园头人,我家的祖坟还在桃园头呐。桃园头、沈家村,还有附近村坊都产槜李,当然桃园头最多,我从小就对家乡有这么好的果品感到骄傲。1997年,我20岁出头,当时服装外贸生意如火如荼,许多人都外出做生意,我也南下广州经商,一干还干得真不错,正如别人所说的那样:掘得了第一桶金。我这个人家乡观念比较强,人在外面,从不忘家乡的事。进入21世纪后,人们开始注重品牌意识,我想桐乡槜李具有千年历史,名气很大,何不也注册个商标?联想到桐乡槜李的最正宗

图29　外国友人慕名来

产地是桃园头，既然是土特产，商标名称不能弄得洋里洋气，一定要接地气，于是就取了个"桃园头槜李"的名称，去工商部门注了册。当时也不当一回事，纯粹是觉得槜李味道那么好，历史那么久，名气那么大，自己是桃园村人，如果让别人抢先注册了去实在可惜，说实在话，当时是一点点功利性都没有的。商标注册后，我依然做服装生意，2002年，我25岁，回桐乡办了一家东江制衣厂，广州、桐乡两头跑，也没有去抓"桃园头槜李"的事。

采访者：沈总您真有企业家的眼光，具有先见之明啊。

沈汉兴：哪里哪里，好像有点歪打正着，也好像有点冥冥之中定下的缘分吧。后来，全国各地都特别注重名稀特产的挖掘和保护，纷纷注册原产地商标，梧桐街道觉得桃园村是槜李原产地必须保护，决定去工商部门注册，一查才知道早在八九年前已被我注册了，幸好注册者是桐乡人，还是桃园村人，他们才放下心来。于是梧桐街道派人来，要求我转让商标，他们说可以出点钱。我说，我当初注册绝不是为了钱，纯粹是从保护槜李作为出发点的，因为我是桃园村人，有责任也有义务这么做。后来，他们又来谈了几次，渐渐地把话题转向了怎样发展槜李产业上，我提出了一些想法，认为要发展槜李产业，单家独户各干各的，肯定不行，必须走规模化经营之路。他们非常认同我的观点。后来街道办事处想搞一个槜李专业合作社，把村里的种植户联合起来实行规模化生产，正在物色一名带头人，要符合几个条件：一是年轻有文化，二是经济上有实力，三是桃园村人，热爱家乡，钟爱槜李。他们说寻来寻去，其实就在眼前，认为我正是他们寻找的人选。我起初以办企业事情多来推托，后来他们一再坚持，一片诚心，而且我也觉得自己有责任有义务保护发展好家乡的槜李产业，也就答应了下来，那一年是2011年。

采访者：**您担任槜李专业合作社负责人后，印象最深的一件事是什么呢？**

沈汉兴：任何一件事要办成功，都是要经过一番摸索的。我刚担任负责人时，也有些意气风发，一心想为果农增加收入，但愿望与现实往往有距离。2012年，槜李成熟了，销路却不太好，果农一下子卖不掉，合作社也一样，但合作社当初许下了承诺的，只得敞开收购。果农挑担提篮排着队来卖，我心里真是着急，这么多槜李一下子集中在合作社，质量良莠不齐，存放时间只有二三天，怎么办？最后没办法，只有送人。只要是跟我的企业有点业务关系的单位，还有我的许多新老朋友，我都打电话过去，请他们来拉槜李。我自我解嘲地说，买了这么多槜李送人，就当是搞好关系吧。这个教训也让我坚定了槜李必须走深加工之路的决心。

采访者：那么，您后来采取了哪些举措来发展槜李产业？

沈汉兴：举措嘛，有几条。要发展槜李产业，第一，必须走标准化之路，这是我一直主张的。我担任社长后，觉得应该先从科学角度弄清楚槜李成为天下名果的原因。于是请农林局的专家来村里进行土壤成分的测试分析，这是第一次专门针对槜李的土壤测试，现在有关数据都在农林局存档。同时还对槜李的品种、数量进行了一次广泛调查。我觉得这些都是基础性的工作，要发展这个产业，必须先弄清楚家底。走标准化之路还包括统一宣传、统一收购、统一包装，不能单家独户，各自为战，像以前小农经济时代那样肩挑手提去街上卖。第二，我觉得要发展槜李产业，必须向深加工方向发展。槜李这一名果有一个致命的缺点，就是成熟期太短，十来天时间，一下子全部成熟，导致销售期非常集中。槜李一熟，放不过夜，早上采下时还很新鲜，果粉还在，到晚上就"翻面孔"了，汁液开始外溢，越看越不对，再不卖掉，就要倒掉。如果不及时采摘，掉果非常严重，地上的比树上的还多，让人看着非常心疼。有些人特别是外地人刚得到消息，赶过来买，已过时了。一方面多得压塌街，另一方面却还在坐等。我曾经通过建冷库来延长销售时间，但也行不通。槜李这东西很怪，放在冷库里，样子很新鲜，水灵灵的，但一出冷库，一接触热空气，就开始凹瘪，而且整个果子上水淋淋的，不出半天，就开始烂了。所以，我思来想去，觉得只有通过深加工来延长销售时间。不能单靠销售鲜果，即使一斤卖100多元，一颗卖10多元，经济效益还是上不去，因为损耗实在太多。以一户果农为例，生产5000斤，能卖掉3000斤，已经是求娘拜爷，谢天谢地了。碰到大年，天气暴热，足有一半以上掉果，烂在地里。所以，只有深加工才是出路。于是合作社先后开发了槜李饮料、槜李酒等产品，先将槜李榨汁后冷冻，再慢慢消化，加工成饮料、酒类。这样既较好地解决了槜李销售时间短的问题,又提高了产品附加值。

采访者:对。这个我们也曾经想到过,既然葡萄可以酿葡萄酒,槜李天生有一股酒味,为什么不能酿槜李酒呢?按理来说,应该比葡萄更容易酿成酒的。

沈汉兴:真可谓"英雄所见略同",早在我小时候就曾想,槜李有一股天然的酒味,为什么不能酿成酒呢?后来,我了解到,槜李具有酒味,是因为有一种天然的酵母菌,酵母菌是随着槜李的成熟度而逐渐增加的。所以,真正的食客是专拣成熟的槜李来吃的,刚刚采摘下来的槜李,他是不会吃的,需放上一天半天,待其完全成熟时再吃。说句真话,吃槜李应该等到它快熟透的时候,这时味道最好,酒味最浓,才能吃出槜李真正的味道。

采访者:那么,您是怎么尝试开发槜李酒的?

沈汉兴:2012年,我尝试开发槜李酒。为此,我花了大量时间和精力研究有关酒类的制作。我想要做就要做高端的,具有品牌的产品。为此,我到法国、美国,与著名的酿酒师进行了广泛接触,并请他们到桐乡来,研究制作槜李白兰地的可行性。我请他们来,代价可不小,一次10万元,当场兑现。我还专门购置了一套蒸馏釜,纯紫铜制作的,价格不低。第二年,生产了槜李白兰地,48度的,味道很好,喜欢喝酒的朋友喝了,都直呼过瘾。现在有好几吨存放在家里,时机成熟,就可以上市,让大家品尝,这是我们中国的白兰地,桐乡白兰地,而且是具有槜李原味的白兰地。

采访者:沈总,您的槜李白兰地,让我想起了张裕葡萄酒。100多年前,有一个叫张弼士的爱国华侨,为了开发中国的葡萄酒产业,从南洋来到山东，圈地建葡萄种植园，然后加工成葡萄酒，后来成为中国名酒，曾获巴拿马世界博览会金奖。

沈汉兴：是的，当初开发葡萄酒产业在中国是具有开创意义的，我希望我们的槜李白兰地也具有同样的意义。

采访者：那么，槜李还有其他深加工产品吗？

沈汉兴：就是槜李饮料。这个比起槜李白兰地来要简易许多。好像我们平常喝的椰子汁、橘子汁、苹果汁一样，槜李汁具有天然的槜李味道。槜李果品上市时间极短，只有半个月不到的时间，但槜李饮料可以一年四季供应，让人们随时品尝到槜李独特的味道，这有效延长了槜李的销售时间。

采访者：沈总，您是一个具有丰富经历和富有远见的企业家。您将来的目标是什么呢？

沈汉兴：我对自己的人生规划一直比较清晰。我小时候的愿望是通过奋斗改变家庭贫穷的面貌，我不能再像父辈、祖辈那样束缚在土地上求温饱。我20岁、30岁、40岁时都立下了一个十年规划，前两个十年规划都如期实现，下一个十年规划是营建一个槜李产业链。今年，我准备投资6000万元，在桐乡建一个槜李深加工基地。这几年，我都在做准备工作，接下来的5年甚至10年，我都不准备赚钱，只是大把大把地撒钱。我希望政府和有关部门在土地、税收、审批等方面给予支持，尽快促成这件好事。这不仅是对我的支持，更是对桃园村百姓、桃园村槜李产业的支持。这件事做成了，我们对得起槜李这个千年名果，也对得起世世代代培育槜李的桃园老百姓。千年名果槜李到了我们这一代，如果做成了一个产业，一个能富甲一方的产业，那是我们的光荣和骄傲。但目前更多的是肩上的责任。

采访者：沈总，我们相信您的第三个十年规划一定能成为现实，这是桃园百姓之福，槜李之福。谢谢您接受我们的采访。

访谈时间：2019年3月19日上午

访谈地点：桐乡经济开发区东江能源有限公司

采访人：王士杰、颜剑明

果农李应芳访谈录

（李应芳，男，1953年生，桃园村李家埭人。1994年任桃园村果园负责人，后经营个体果园。从事槜李种植、经营近50年，在桐乡槜李种植业内具有一定声望）

采访者：李师傅，您是土生土长的桃园村人，关于种植槜李的传说和故事，您小时候肯定从前辈那里有所耳闻，能不能给我们讲讲？

李应芳：我们李家埭人很早就种槜李了，可以说家家户户的庭前屋后都有槜李树，多的人家七八棵，少的也有二三棵。究竟是什么时候开始种槜李的，我也说不清楚。不过，我们村里有一个老人叫凌关顺，活了90多岁，前几年才过世，是我们李家埭的老寿星。我十几岁的时候，他已经五十来岁了，他常说，“长毛”（编者注：太平天国时期的太平军）时代，有一群“长毛”骑着马来到我们李家埭，因为这里到处是槜李园，四周种满藜刺树，战马无法经过，为了便于打仗，砍掉了不少槜李树。所以知道，至少在“长毛”时这里就已经种槜李了。当然，凌关顺老人也是听他“上代头”说的，是一代代传下来的故事。

图30 收获

图31 硕果

采访者：有一种讲法，说是桃园村的槜李是在太平天国时期由一名和尚从嘉兴净相寺带到屠甸寂照寺后，再传入桃园村的。你刚才讲的这个故事，证明这种说法是不够准确的，因为太平天国运动在浙北一带包括桐乡在内，存在时间并不长，只有五六年时间，不可能在这么短的时间内，槜李迅速传播开来，并发展成一个个果园，形成一定规模。这个传说恰好证明早在“长毛”之前，桃园村槜李已成相当规模了。李师傅，还有没有其他的槜李传说或故事呢？

李应芳:村中还流传着一个传说,说很久以前,村中有一户人家,在小河边建了一个槜李园,成熟时节,主人在园中搭了一个简易床铺,睡在这里看管槜李。有一晚,来了几个小偷,准备偷槜李,小偷见床铺朝着大路,心想主人万一醒来,容易追捕,于是,几个人轻轻地将床铺连人抬着旋了一转,让床铺朝向小河边,这样,万一主人发觉醒来,待其摸清方向,自己已逃之夭夭。那天夜里主人睡得很沉,被人抬着旋了一转居然都不知道,小偷于是胆大起来,肆无忌惮地偷起槜李来,结果还是被发现了,主人急忙起床追,瞌充朦里之间,竟将白蒙蒙的小河当作大路,一脚踩了进去,掉入河里淹死了。种槜李本来就不是村里农民的主业,是副业,想不到这下出了人命,大家认为很不吉利,于是纷纷砍掉槜李树,所以有一段时间,李家埭村子里槜李树很少。

采访者:噢,这个传说让人感到可惜,也感到种植槜李是很辛苦的,有时还很坎坷。

李应芳:是的。我曾听上代头人说过,以前养蚕收成好时,大家争着砍掉槜李树,改种桑树了;养蚕收成不好了,又砍桑树,改种槜李树了。农民总是这样的,啥东西收入高就种啥。

采访者:那您家的情况呢?也差不多吧?

李应芳:一样的。我爷爷当家时,家中有10多棵槜李,到我爸爸当家时,一棵也没有了。1958年,“大跃进”时期,提倡大公无私,连镬子、蒸架都归了公家,槜李树自然也归了公家,那时提倡大种粮食,槜李砍得差不多了。那时有一个公社干部,是隔壁村坊朱家兜人,叫朱甫君,现在90多岁了,他遵照上面指示,要在桃园村(当时称大队)建一个集体果园生产各种水果,但李家埭居然找不到一棵合适的槜李树,只好从附近香水浜、范家埭几户人家移植了14棵,才建起了一个果园。

采访者:噢,桃园村还建过一个集体果园呢?是什么时候?

李应芳:建过的,一直办了几十年。是1958年或1959年那个时候吧!是人民公社时期。

采访者:这个集体果园规模大吗?

李应芳:规模还是比较大的,有18亩。除檇李外,多数是桃子、梨子、葡萄等常见的果树。后来,这14棵檇李经过栽培扩种,发展到了5亩,其他果树有13亩。我们村里现在的檇李树,基本都是从这14棵檇李树嫁接栽培过来的。

采访者:果园离您家很近,那时您经常去玩吗?

李应芳:小时候经常去果园玩的。有一次,同村上一个大伯见我嘴馋,给了我一个快要烂掉的熟桃子吃,这是我印象中第一次吃到桃子,开心极了,觉得世界上还有这么好吃的东西,于是便想长大后也到果园里来干活,这样就可以经常吃到水果了。我记得很清楚,我14岁那年,偷偷地从果园里一棵檇李树上剪下一根枝条,学着大人的样子,在天井的4棵毛桃树上进行了嫁接,想不到后来全部成活了。这是我第一次接触檇李,后来就一生一世同檇李打上了交道,这就是缘分吧。

采访者:您家天井里的那4棵檇李树还在吗?

李应芳:早不在了。我弟兄有四人,后来分了家,这4棵檇李树都归了我,因为是我嫁接的,我舍不得。起初几年,每一株上只生十来颗檇李,4株加起来,也只有五六斤,卖不成的,只是给自家人和邻居们吃。后来,渐渐多了起来,但还是卖不成。这4棵檇李树到1983年、1984年的时候,因为要造新房子,天井要派用场了,才不得已砍掉了。

采访者:太可惜了。那么,后来您还种檇李树吗?

李应芳:种的,当然种的。大概是1980年,我进了大队果园工作,这是我一直想要实现的目标。大队里干部认为我初中毕业，有点文化，想安排我进机电站工作，但我喜欢种水果，主动要求到果园，于是就进了果园。那年大队从香水浜并入了一些土地，果园面积扩大到33.3亩，除了槜李、桃子、梨子外，还种了葡萄。槜李园面积最大，占了一半左右。这段时间，我成了一个专职的果农。

采访者：种槜李很不容易吧？一棵槜李树，从嫁接栽培到挂果，需要多长时间？

李应芳：槜李嫁接后要等三四年才挂果，而且头几年生得极少，所以那时大队里的果园，槜李面积虽然蛮大，但产量很低。主要收入还是依靠桃子、葡萄、梨子等果树。

好像是1987年，正是槜李成熟的时节，灵安镇的镇办企业"银凤来被服公司"来了一位台湾客商，名叫邬义春，公司老总朱甫顺为了与他搞好关系，亲自来我们果园买槜李，要送给客人带回台湾去。朱甫顺由我们百桃乡副乡长陪着开了小车来，这时我已是果园负责人了，我带着他们去园子里走了一圈，热得大汗淋漓，但槜李长得极少。朱甫顺说有多少要多少，全买下。我叫了几个果农去采，东采一颗西采一颗，费了好长时间才采了5斤。朱甫顺感叹说，种槜李真是太苦了，没啥经济效益。临走时，朱甫顺非常客气地付给我1000元，我觉得太多了，只收了他300元。

到了1990年，槜李树已进入盛果期，这一年老天又照应，槜李开花时没有遇上倒春寒，所以这一年是大丰收，而且成熟时日照充足，果子极甜，不过成熟得太快，来不及卖，长得多，掉得也多。这一年，果园里安装了一部程控电话机，花了5000元钱，邮电所的工人来竖电线杆子时，看见地上掉了那么多槜李，纷纷捡来吃，都说地上的比树上的更甜。他们说的是真话，因为地上的槜李都是熟透了才掉下来的。槜李的收成有大小年之分，所以价格每年都不同，起伏很大。当时上门来买槜李的人还不多，我们要挑到梧桐镇、屠甸镇去卖，销量很好，但经常碰到工商所人员来管，只得躲进弄堂里冷街上卖。

采访者：噢，真是靠天吃饭！不光"天照应"，还得要有"人照应"呀。李师傅您后来一直在大队果园工作吗？

李应芳：1994年，桃园村果园集体承包了，我是负责人，工人有五六人，一年下来，扣除人工工资、土地承包费和各种各样的成本费，年终时每人分得二三百元奖金，我略多一些，大家已经非常满足了。2000年，果园承包给了钟国强，于是我自己办了一个小果园，向同村人租了8亩地，租金是每亩300元，2亩种槜李，6亩种葡萄。谁知正当进入盛果期的时候，遇上村里要进行土地整理，已经栽种的果树必须移掉，我不愿意搬迁。当时的村支部书记对我说："土地是一定要整理的，但整理结束后，可以流转50亩给你，让你继续种槜李。"我听了很高兴，爽快地答应了，于是葡萄藤全部砍掉，槜李树有100多棵，全部移植寄种在我兄弟家的土地上。但是土地整理结束后，村里却说没有土地可以流转了，我向村支书多次力争，均无结果。无奈之下，我只得要求村里将自己的3亩多土地集中到一起，又花每亩300元的承租费，从同村人那里拼凑了六七亩，凑成约10亩，建成了一个果园。到了第三年，槜李结果了，是丰年，这时，桐乡槜李的名气越来越大，许多人慕名而来，价格最高时达到每斤100元，还供不应求，需要预订，一年就卖了1万余元，换回成本不算，还略有赚头。谁知租给我土地的几户人家改变了主意，纷纷要求收回出租给我的土地，他们自己要种槜李了。不得已，我只得又一次忍痛割爱，退还了土地，梨树作价5元一棵，卖给了一个上海人，槜李树移植到自己原来的3亩地上，种种搬搬，折腾了几个来回，枯死了不少。

采访者：真是好事多磨啊！后来怎么样呢？

李应芳：我自己的果园折腾来折腾去的时候，村里的果园也换了主人，承包给了市农林局的老夏和老费了。这两人我老早就认识，关系很好，他们也知道我种植果树的经验丰富，聘请我担任技术员，干了几年。2008年，我自己也承包了8亩土地，又办了一个小果园，两头跑实在分不开身，只得辞去大果园的工作，专心经营自己的果园。2010年，我的果园扩展到11亩。2013年，大力发展乡村旅游，村里流转了50亩土地，搞了檇李采摘区，由于我种檇李已有一定名气，村里决定由我来承包，并答应所有设施由村里投资，还帮助销售。2016年，果园进入盛产期，但成熟时天气热得太快，仅靠上门来买，根本来不及，檇李大量烂在地里，我急得眼泪都流出来了。我觉得50亩的果园，规模有点偏大，自古说农民靠天吃饭，风险实在太大，为了保险起见，我忍痛退出承包，继续经营自己原来的那个小果园。2018年，市农经局立项扶持檇李大棚栽种，我的果园被列入了扶持对象，需投资20余万元，国家资助一半，我自己负担一半。我很满意，接下来就试验大棚栽培檇李的效果怎么样。

采访者：李师傅，您今天讲的内容很丰富，让我们了解了桃园村檇李生产的不少往事，也看到了您作为"檇李人"所经历过的兴衰起伏和甜酸苦辣，更让我们感到了您心中充满着的浓浓"檇李情"。

衷心祝愿您的果园年年丰收，蒸蒸日上。

访谈时间：2019年1月17日下午

访谈地点：梧桐街道桃园村村委会

采访人：王士杰、颜剑明、杨承禹

果农周雪康访谈录

（周雪康，男，1961年9月生，桃园村桃园头人。祖上曾建有李园。1979年至1981年，任桃园村果园负责人。曾被县农林局送往浙江农业大学园艺系学习一年。目前除从事槜李生产外，还兼营槜李幼苗的嫁接、栽种和销售。在桃园村槜李种植业内具有一定声誉）

采访者：周师傅，您好。您是桃园头人吗？您家老早就种槜李吧？

周雪康：我是桃园头人，我家世世代代居住在桃园头。桃园头是个大自然村，分桃东、桃西和倪家浜三个点，大部分人家姓周，桃东全部姓周，桃西只有一家不姓周，倪家浜也有许多人家姓周。以前家家都种槜李树。我家屋后就有一个槜李园，有2亩来大，四五十棵槜李树。

采访者：这个槜李园是您父亲还是祖父开辟的？您父亲、您祖父叫什么名字？

周雪康：是我祖父的上代头开辟的。我祖父、我父亲都很早就过世了，那时我还很小，不记事，只知道有位上辈叫周子香[①]。听村上人说，我家的这个李园是很早就有了，也比较大。每年产的槜李都拿到梧桐、硖石、斜桥等镇上去卖，还到乌镇去卖。

采访者：卖的时候就叫"桐乡槜李"？

周雪康：都叫"桐乡槜李"的。我听老人说，那时去卖槜李也很考究的，都装在小竹篮里，有一斤装的，有二斤装的。小竹篮是用淡竹制作

---

① 1930年夏，金陵大学农学院胡昌炽老师领衔的江浙桃种调查课题组，曾将桐乡桃园头列入调查范围。该课题组成员俞斯健曾到桃园村实地调研槜李栽种情况，周子香是主要的槜李栽种调查对象。相关情况写入了《江浙桃种调查录》，发表于《中华农学会报》1931年第92～95期。

的，淡竹节稀，颜色特别青，篾比较坚硬，桃园头北面有个村坊叫淡竹园，就种有许多淡竹，每年檇李丰收之前，就会有篾匠来做小竹篮。这种竹篮小巧玲珑，非常美观。我们家的檇李就用这种小竹篮来装，而且在竹篮上写上“周记”两个字。顾客一见这两个字，就知道是正宗的桃园头檇李，周家种植的，便纷纷购买。“周记”檇李很有些年份了，所以老顾客都还记得。

采访者：噢，那时人们也很讲究品牌和信誉的。周师傅，您是什么时接触檇李的？您小时候的桃园檇李是什么样的状况？

周雪康：我十来岁的时候，正是“文化大革命”时期，那时候是“农业学大寨”，以粮为纲，檇李树被当作“资本主义尾巴”，要砍掉的。所以我懂事时，我家屋后的李园已没有了，改种桑树，但大队的果园还保留着。1979年，我18岁，那时已经改革开放，政策开始松动了，上面也开始重视种植经济作物了。那年，我担任了大队果园负责人，农林局园艺专家张佐民同志来桃园搞檇李等果树的统计，他统计的结果是：整个桃园头六七十户人家，只有100多棵檇李，全是零星种植。大队果园18亩面积，有檇李100多棵，黄姑李100多棵，夫人李、美人李各30多棵，蜜李20多棵，潘园李2棵，紫粉李1棵。可见“文化大革命”结束时，桃园檇李已落到了历史的最低谷，与以前没法比了。我祖父当家时，我们一户人家的李园里有四五十棵檇李。大队果园是人民公社时期建起来的，园址原是一个破庵的房基，荒芜得很，到处是断砖碎瓦和乱坟墩，大队派人慢慢把果园建起来的。

采访者：周师傅，您在大队果园干了多长时间？

周雪康：时间不长，只有两年时间。1981年，县农林局派我和其他两名青年去浙江农业大学园艺系学习了一年，回来后，被派到桐乡副食

图32 春来发几枝

品公司工作，去濮院果园、梧桐果园指导果树种植和生产，1993年回到桃园，帮助大哥办羊毛衫厂。2003年，在家里开辟了一个小李园，只有2.4亩大，年产约五六百斤，每亩净利润在1万元以上。2016年，又扩大了1.8亩，专门用来嫁接、培植槜李幼苗。

采访者：噢，您另有1.8亩的槜李苗圃，卖槜李树苗与卖槜李，哪个更能赚钱？

周雪康：只要有销路，都有赚头。今年，我已经卖出了1100株，是富阳一个村的村支书来买的。他有个舅佬在濮院做羊毛衫生意，肯定吃过槜李，回家过年，跟他说起槜李的美味，勾起了他想种植槜李的念头。那里是低山区，土地很多，他动员村民尝试种植槜李。书记一发动，村民反应很积极，从起初订购700株到后来一再加订，到前几天一共是1100株，他自己开车来装运的。我卖他10元一株，一共11000元钱，比较省心省力，所以只要有销路，都有赚头。

采访者：现在像您这样既卖槜李又卖树苗的人家多不多？卖槜李树苗是从什么时候开始形成规模的？

周雪康：槜李名贵稀奇，树苗嫁接成活后，自家种种，亲戚朋友需要，也只是送送，难得有来买树苗的。随着槜李的名气越来越大，外面的人也知道了，对树苗的需求量就越来越大。据我所知，5年前，贵州省有人来买过槜李树苗，是作为山区扶贫计划的一部分，是从淡竹园顾庆仙那里买走的。据说，5年前种下的第一批槜李已经结果了，能卖50元一斤，老百姓欢天喜地的。去年又来买了3000多株去，说明那边已经尝到甜头了，估计不用很长时间，贵州那边将形成一定规模。据我所知，现在外地来买槜李树苗的还有安徽、四川，浙江本省的还有衢州等地。现在做树苗生意的人家还不是很多，但在逐渐增加，桃西小组以前只有2户人家，现在有五六家了；桃东小组本来一家也没有，现在已有2家了。我估计，随着桐乡槜李的名气逐渐向外扩大，槜李树苗的需求量还会增加，将来也许会成为槜李产业的大生意。

采访者：槜李的嫁接、培育在技术上有哪些要领呢？能否向我们透露一下？

周雪康：这是经过几百年、上千年流传下来的老方法，也没什么秘密了，当然，手艺高的老果农嫁接出来的成活率要高，毛手毛脚的人嫁接，成活率很低。槜李是嫁接在桃树上的，也就是说，用槜李的枝条接到桃树的树根上。所以，嫁接槜李先要培育桃苗。桃苗不是随便丢下一个桃核就能长出来的，能出芽的桃核必须要有120天以上的生长期，也就是说，桃子从坐果到采摘必须超过120天时间，不达到这个时间，说明桃核不够老，里面的桃仁发育还不完全成熟。经嫁接的家桃，生长期都不到120天，所以用家桃核培育桃苗，多半不会成功。野桃生长期长，多半要超过120天，所以我们一般都采用野桃核。我们桃园头的人家，房前屋后一般都种了桃树，但多半是野桃树。野桃子味酸，个子很小，没人采来吃，我们主要是用它的桃核。今年播下野桃核，明天春天会出芽，后年就可以用来嫁接槜李了。所以嫁接槜李也需要一个过程，不是想嫁接就能嫁接的，也比较麻烦。而且，还会遇到天气等因素，即使手艺再高明的果农，也不会百分之百嫁接成活。

采访者：周师傅，今天我们真是长见识了，您不说，我们还真不知道嫁接槜李还有那么多学问呢！谢谢您从百忙之中抽出时间来接受我们的采访。

访谈时间：2019年3月19日下午

访谈地点：梧桐街道桃园村村委会

采访人：王士杰、颜剑明

槜李诗文

何造物之工巧兮，化千亿于来兹，虽彼美之云亡兮，仿佛若或觏之。人情重故乡兮，虽小物而增慕，矧俊味之得尝兮，信土产之有素，怅《图经》未之及兮，乃宜豪而作赋。

——清朱彝尊《槜李赋》

檇李诗文

（一）檇李传说

西施与檇李[1]

春秋时期，吴越两国争战不止，越王勾践战败，在会稽山卧薪尝胆，图谋再起。大夫范蠡献上美人计一策，于是广选民女，百里挑一，在苎萝山觅得美人西施，急急送往吴国都城姑苏，用来迷惑吴王夫差。

途中经过一处叫檇李墟的地方（今桃园村一带），西施因思念故土亲人，又兼连日车马劳顿，暑热蒸腾，忽然旧病复发，犯起心痛病来，茶饭不思，满脸憔悴，顿失平常的沉鱼落雁之色。范蠡看在眼里，急在心里，万一西施有什么三长两短，那可是两边都得罪不起的，是要掉脑袋的。

一天傍晚，范蠡安排好西施早早休息，一个人出来散步。他看这里河道纵横，圩田开阔，树木荫翳，满目苍翠，比起越国的山山水水，更觉多了几分妩媚与可亲。突然，一阵果香从树林中飘来，有桃李的芬芳，又似有几分酒的醇香，他从未闻过。于是循着果香走进林子，看见一个老

---

①"西施与檇李的传说"于2015年9月列入嘉兴市第五批非物质文化遗产名录。

图33 永远的西施 永远的槜李

汉正在树下采摘。果树不高也不大，人手正够得着；树叶不稀也不密，夕阳的斜晖能透射到地上；果子不多也不少，每个枝条上两三颗，果形圆润，果色紫红，上面似有一层白粉。

范蠡从未看过这种果子，便询问老人，老人回答道："这是槜李，只有我们槜李墟才有，地不出方圆五里。五里之外，形、色不同，味更大变。"说完，拣了一颗又红又大的递给范蠡吃。范蠡轻轻剥去果皮，紫红的果汁随即流出，他迫不及待地送入口中，一种清凉的感觉沁入喉间，一股醉人的芳香弥漫颊边，味道又鲜又甜，似酒非酒，食后感觉暑热顿消，精神百倍。范蠡不禁诗兴大发："吴根越角槜李乡，甘美绝伦似酒香。此果只应瑶池有，凡人哪得几回尝？"他想起卧病在床的美人西施，何不也让她尝一尝？便丢下几文刀币，买了一篮。

西施正辗转病榻，难以入寐。范蠡将槜李献上，并将槜李的美味说了一遍，西施听得口齿生涎，禁不住伸出纤纤玉手，拿起一颗来，掐破果皮，顿时满屋生香。西施从来没有尝到过槜李的甘美芳香，一连吃了好几颗，醉意上来，浑身酥泰，便渐入梦乡。

次日醒来，西施一改多日来的病容，神清气爽，眉目生光，花容月貌，更添几分妩媚。想起昨晚吃的槜李，便要范蠡带她去槜李园走走看看。

图34　疑是西子泛舟来

村上的人得知美人西施来到园子，争先恐后赶来一睹芳容。在一棵老李树下，西施摘下一颗最红最大的槜李，掐了一下，留下一弯眉毛似的指甲痕，送给园主人，即昨天范蠡遇见的那个老农，说道："我乃贫贱越女，自小浣纱溪头，素不喜荣华富贵，更不闻王事兴衰，却因天生几分姿色，竟将充入吴宫。途中染恙，不胜疲乏，却喜昨日偶食槜李，得以康复，因此结下一缘。他年若得脱离是非，还我自由之身，我愿再续前缘，终老此槜李之乡。”老农受宠若惊，捧着这颗槜李回家，后来将它埋在老树旁边，西施当时站立的地方。

第二年，种子发芽。第三年，槜李树长成。第四年，这棵槜李树也开花结果了，奇怪的是结出的果子上都有一弯眉毛似的指甲痕，后来传说是西施当年一掐的缘故。

第五年，吴越两国再次交战，吴国灭亡，西施与范蠡在回越国的途中，又经过槜李墟，想起当年的往事，萌生流连之心，便双双隐居于附近的小湖畔，过起了远离是非、逍遥自由的生活。两人隐居的地方，后来被叫作“范蠡湖”。

而槜李也因传说西施留下了指痕而名扬四海，物以人奇，愈传愈珍，愈传愈真。槜李与西施，名果配美人，给人们留下了许多美丽的遐思，更引得后世的许多文人骚客赋诗吟咏，最脍炙人口也是传诵得最广的当数清初朱彝尊在《鸳鸯湖棹歌》中写的那句：“听说西施曾一掐，至今颗颗爪痕添。”

范蠡湖、汏脚湾和胭脂汇

春秋末期，越王勾践采用范蠡的美人计打败了吴国，吴王夫差受羞辱自杀，吴国灭亡。越国大军浩浩荡荡班师南归，范蠡与西施也踏上了归程。

但是，范蠡是越国最具有政治远见的大臣，他通阴阳，精八卦，善看相。他见越王勾践长相奇特，脖子细长，嘴巴像鸟一样的尖削而且带钩，眼睛像马蜂一样，说话声音又像豺狼的叫声，正如相书上所言：长颈鸟喙，蜂目豺声，便认定这种人心性狠毒，翻脸无情，内心不可捉摸，只可共患难，不可同享福，与这种人打交道要多留一个心眼。况且他深知“飞鸟尽，良弓藏；狡兔死，走狗烹；敌国破，谋臣亡”的道理。于是，他在半途中便开始为自己的未来谋划盘算。

当他与西施途经檇李墟（今桃园村一带）时，又看见成片的檇李林郁郁葱葱，正是檇李成熟的时节，紫红的果子挂满枝头，新鲜芬芳，令人垂涎欲滴。西施想起数年前曾品尝过檇李的美味，还治好了心痛的宿疾，觉得这是一个与自己有缘的地方。范蠡看此地河流交织如网，湖漾星罗棋布，地势平坦，沃野百里，物产丰饶，气候宜人，认定将来是一个兴盛的好地方，便暗地里与西施商计，是否寻找机会，避开众人，两人在此隐居下来。西施一听，正好也有此意，便一拍即合。于是范蠡对随从们说：“数年前，我们在去吴国途中经过此地，西施旧病复发，是一个老农的几颗檇李治好了她的病，今日重过此地，西施不忘旧恩，想再去看看

这位老农，不知道他还在不在人间？如果不在了，也好去他坟上祭拜。你们先上路吧，我与西施会追上你们的。”随从们于是浩浩荡荡出发了。范蠡与西施却雇了一条当地人的小船，西施躲在舱内，范蠡坐在船头，察看沿途风水，寻找可以蔽身的地方。

当小船来到今天屠甸镇红星村（桃园村附近）的地方，范蠡看有三条河流交汇在一起，水面开阔，水流缓慢，水质清澈，鱼虾成群，岸边水草丰茂，鸥鹭翔集，漾中有一个小洲，野芦丛生，杂树葱茏，便认定此地是一处难得的风水宝地，于是当即决定在此地住下来。

他们在湖边建了一间茅屋作为住所，男耕女织，生儿育女，过着隐姓埋名、不问世事、逍遥自在的快乐日子。每天早上，西施来到河边洗漱打扮，略抹脂粉，水面上留下了她美丽的倒影；晚上，劳作归来，又在河边洗脚，洗去她一天的劳累。农闲时节，范蠡便在湖中打鱼，下雨天，他披蓑戴笠，俨然一个渔翁。数年后，家里小有积蓄，范蠡便外出经商，来往于太湖沿岸之间。不久，范蠡发了大财，成了富翁，但是他担心别人知

图35　范蠡湖

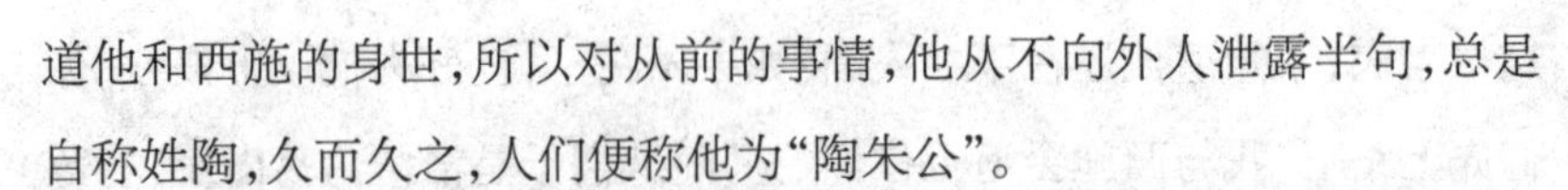

道他和西施的身世，所以对从前的事情，他从不向外人泄露半句，总是自称姓陶，久而久之，人们便称他为“陶朱公”。

后来，人们将他们隐居的地方叫作范蠡湖，又叫范蠡坞；将西施早上洗漱打扮的地方叫作胭脂汇；将她晚上洗脚的地方叫作汰脚湾。这些地名一直沿用到现在。

图36 范蠡湖鸟瞰

(二)檇李诗赋选

地重因名果,如分沆瀣浆。
伤心吴越战,未敢尽情尝。

——[宋]秀水　张尧同

醉李根如仙李深,青房玉叶漫追寻。
语儿亭畔芳菲种,西子曾将疗捧心。

——[明]常熟　钱谦益

肤如熟柰能加脆,液较杨梅特去酸。
江北江南无别品,倾城倾国借人看。

——[清]秀水　曹　溶

青绡圆转密交枝,绕蒂中悬玉一丝。
莫怪几回停食指,伤心吴越被兵时。

——[清]秀水　曹　溶

徐园青李核何纤,未比僧庐味更甜。
听说西施曾一掐,至今颗颗爪痕添。

——[清]秀水　朱彝尊

攒花霜满树，繁实玉连枝。
别有盘根好，真因得地宜。
此邦书《越绝》，彼美忆西施。
指点痕如捻，流传事不疑。
绿夸颜未醉，甘想味愈饴。
寒水沉谁致，荒城种亦移。
芳华偏易歇，兴废总难知。
一物还堪赋，千年感在兹。

——[清]秀水　金介复

玉斗光潜散，青房果足珍。
似桃偏小核，比杏但空仁。
沃土移根速，香锄去秽频。
林疏长逗日，溪远更离尘。
遍摘无多子，分尝得几人。
登筵犹著粉，沉水转生津。
洵可夸朱仲，何须释李巡。
还期守僧腊，岁岁入吾唇。

——[清]秀水　徐怀仁

城东潘氏李，香脆剧须餐。
艳绝先施掐，应同伯仲看。
霜肤沉玉甃，伏日荐冰盘。
为寄园翁语，纤纤核漫钻。

——[清]桐乡　汪　筠

佳果移根野寺栽，古城百雉没蒿莱。
红桃似斗西施艳，犹向胭脂汇畔开。

——[清]嘉兴　朱麟应

集蔬街上集时新，酸果甜瓜一切登。
为倩郎君挂帆去，载将潘李与彭菱。

——[清]桐乡　方　驾

春秋果地两同名，小有园林几树横。
为爱西施曾一掐，敢将早熟献先生。

——[清]嘉兴　李泉石

仙根分种自僧庐，嘉树成荫入画图。
名谱古经真典重，身宜瘦地总清癯。
且沈冰雪消三伏，莫间沧桑沼五湖。
最是来禽须料检，重书僮约付园奴。

——[清]嘉兴　张廷济

檇李城倾圮，荒凉几树存。
共传仙果美，爪掐尚留痕。

——[清]秀水　秦光第

长日看书静闭门，幽居在市亦如村。
堆盘爱吃潘园李，不羡香魂托爪痕。

——[清]桐乡　张仁麐

檇李城荒何处寻，桑榆满野昼阴阴。
五湖一舸飘然去，范蠡坞南春水深。

——[清]桐乡　沈　涛

檇李陶家异种存，菰林橘好莫须论。
青青树上潘园李，尚欠西施一搦痕。

——[清]桐乡　沈　涛

图37　身在花海

艳痕一捻尚分明，佳种千秋未变更。
许叔重初传定本，颜师古为正嘉名。
买从僧寺几无价，移到君家倍有情。
若仿孔禽杨果例，潘徐两圃岂容争。

——[清]德清　俞　樾

古城遗迹认依稀，朱实离离映夕晖。
争说西施曾醉此，长留爪印是耶非。

——[清]阳湖　刘炳照

爪痕犹带美人香，南国珍奇树一行。
可惜吴宫沉醉日，不教花绕纳贤堂。

——[清]嘉兴　朱鹤龄

绝胜频婆来北土，远逾菱芰产南湖。
若除此味都凡品，莫问梨儿与菊奴。

——[清]嘉兴　高步云

芳魂零落托孤根，几变沧桑此独存。
吴越已随流水杳，美人纤爪尚留痕。

——[清]嘉兴　陈枝万

图38　果界珍品

漫将咏物夸前史，吴越兴亡迹易休。
岂若美人是仙谪，爪痕千古得名留。

——[清]秀水　巢　勋

曾将彩笔写仙枝，绕蒂中悬玉一丝。
底事几回停食指，怜他吴越被兵时。

——[清]嘉兴　谭之标

玉露龙华品种优，桃蹊小辟傍清流。
潘园槜李人争羡，味压葡萄可解愁。

——[民国]桐乡　钟　桴

槜李赋　并序

[清]朱彝尊

嘉兴古之槜李也，槜，遵为切。许慎《说文解字》："从木，有所擣"；贾思勰《嫁李法》："腊月中，以杖微打歧间，正月复打之，足子。"殆擣之义欤？府治西南二十里，旧有槜李城，今芜没。李惟县东十里净相寺有之。近苦官吏需索，寺僧多伐去，将来虑无存矣。考之《图经》俱不载，因体物成篇。辞曰：

植物有李兮，应玉衡之星精；受命南国兮，特以槜名。产维杨吴会之交兮，载于鲁《春秋》之经。既殊河沂之黄建兮，亦不类房陵之缥青。夙传九标之称，允宜五沃之土。自空城之芜没，迁净相之梵宇。获要术于齐民，授灵方于老圃。砖著树以分歧，犁不耕而用拊。当其温风始至，法苑徐开，井上勿遗螬食，林间恰有禽来。价方高乎朱仲，种不让夫颜回，果熟偏蕃，枝低易拜。浆均玉乳之梨，品胜红云之柰，相珍果之离核，县弱缕而虚中，异怀仁之桃杏，必待嫁而分丛，宜登玉盘，宜沉冰水，雪素藕而并陈，配甘瓜而两美。传诸故老，一事矜奇，遇入吴之西子，胭脂之汇舟移，经纤指之一掐，量心赏之在斯。何造物之工巧兮，化千亿于来兹，虽彼美之云亡兮，仿佛若或睹之。人情重故乡兮，虽小物而增慕，矧俊味之得尝兮，信土产之有素，怅《图经》未之及兮，乃宜豪而作赋。

（录自《四库全书》第1317册《曝书亭集》卷一）

后檇李赋

[当代]徐树民

爰有嘉果兮，厥维檇李；远稽载籍兮，名标鲁史。地以果名兮，果以地著；安土重迁兮，桐乡是依。昔西施食之而酡颜兮，故又名之为醉李；纤指一掐而留痕兮，千古相传为珍品。故能邀美人之青睐兮，获帝王之睿赏。

维我先民兮，宿擅园艺；移来仙根兮，俶载南亩。疏泉作沼兮，折柳为樊；橐驼种植兮，童子灌溉。朝斯夕斯兮，经之营之；枝榦茁壮兮，培壅茂美。春放白花兮，芳香馥郁；夏垂朱果兮，灿烂映日。

辛勤东作兮，终庆西成；及时采掇兮，盈筐盈囊。贮以锦盒兮，荐之嘉宾；色作琥珀兮，味逾甘露。齿颊津津兮，玉液琼浆；一吸而尽兮，三日留香。

改革开放兮，东风劲吹；千年珍果兮，重获青春。改良品种兮，扩大种植；十亩之间兮，弥望成林。在昔为贡品兮，非平民之常膳；今日乃普及兮，成大众之美味。猗与盛哉！美哉！锦绣桐乡兮，桐乡檇李兮；千秋万代兮，永永无极兮！

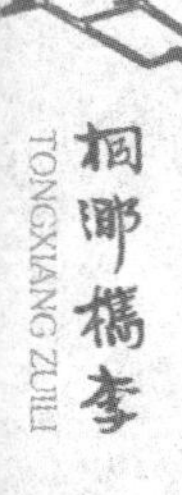

（三）槜李文选

辞缘缘堂（节选）

丰子恺

走了五省，经过大小百数十个码头，才知道我的故乡石门湾，真是一个好地方……缘缘堂就建在这富有诗趣画意而得天独厚的环境中……

自民国二十二年春日落成，以至二十六年残冬被毁，我们在缘缘堂的怀抱里的日子约有五年。现在回想这五年间的生活，处处足使我憧憬：春天，两株重瓣桃戴了满头的花，在门前站岗。门内朱楼映着粉墙，蔷薇衬着绿叶。院中秋千亭亭地立着，檐下铁马丁东地响着。堂前燕子呢喃，窗内有“小语春风弄剪刀”的声音。这和平幸福的光景，使我难忘。夏天，红了樱桃，绿了芭蕉，在堂前作成强烈的对比，向人暗示“无常”的幻相。葡萄棚上的新叶，把室中人物映成绿色的统调，添上一种画意。垂帘外时见参差人影，秋千架上时闻笑语。门外刚挑过一担“新市水蜜桃”，又来了一担“**桐乡槜李**”。喊一声“开西瓜了”，忽然从楼上楼下引出许多兄弟姊妹。傍晚来一位客人，芭蕉荫下立刻摆起小酌的座位。这畅适的生活也使我难忘。秋天，芭蕉的叶子高出墙外，又在堂前盖造一个天然的绿幕。葡萄架上果实累累，时有儿童在棚下的梯子上爬上爬下。夜来明月照高楼，楼下的水门汀映成一片湖光。各处房栊里有人挑灯夜读，伴着秋虫的合奏。这清幽的情况又使我难忘。冬天，屋子里一天到晚晒着太阳，炭炉上时闻普洱茶香。坐在太阳旁边吃冬舂米饭，吃到后来都要出汗解衣裳。廊下晒着一堆芋头，屋角里藏着两瓮新米酒，菜橱里还有自制的臭豆腐干和霉千张。星期六的晚上，儿童们伴着坐到深夜，大家在火炉上烘年糕，煨白果，直到北斗星转向。这安逸的滋味也使我难忘……

（“避难五记之一”，1939年9月写于广西）

漫谈槜李

郑逸梅

沪上车舶毕集，百货云屯，即果品一项，举凡燕之梨、闽之橘、南海之荔枝、西凉之葡萄，悉得斥资购取，快我朵颐。惟槜李独付阙如，即或有之，什九赝鼎，啖之味殊平庸。人不别其真伪，以为槜李之味，止此而已，因而淡漠视之。实则真槜李红润似火，表皮微被白霜，比诸美人粉霞妆，无多让焉。临啖将白霜拭去，以爪破其皮，浆液可吮而尽，甘美芬芳，难以言喻。其种别甚多，有晚李、冬李、麦李、米李、郁李、御李、均亭李、茄皮李、黄姑李、紫粉李、夫人李、潘园李、美人李等，虽各有所长，但较诸槜李，乃瞠乎其后。产地在桐乡南门外，厥果硕大，然限于一隅，栽植之区，只三十方里，移种稍远，味即减逊，甚至肉质沙而无浆。百里外者，果形小如弹丸，更属郐下。昔有产于嘉兴竹里之净相寺者，颇负盛名，惜不久绝种。附近之梅里，佳种亦尠。海盐之甪里山中，所产者品质早变，故今日欲得真槜李，舍桐乡莫属。且槜李无实生或分根者，必须选一二年生之野桃或野李割接，接后颇不易活，即按年成长，花从繁密，结实甚少，约计花百朵，实只得三四枚，盖其花受精力极弱也。加之年有荒熟，以十年计之，繁生者仅二年，普通者约居四年，疏少者约三年，全无者约一年。繁生之后，每至二三年荒歉，其难得有如此。顷得屠甸友人朱梦仙来函，云："去秋毛虫为害，花苞被蚀，今年产量必锐减，不克应市，届时恐有价无货，不得已而思其次，则潘园李、美人李、夫人李、黄姑李，人且珍如琼宝矣。"梦仙辟有晚翠园，辑《槜李谱》，亦我道中人也。

（刊于《中国新农业》1937年第1卷第4期）

桐乡槜李

沈苇窗

李子在我国由来甚古，《诗经》上说："华如桃李"，它在古时还有一个别号叫嘉庆子，据唐韦述所著的《两京记》上说："京都嘉庆坊有李树，有实甘鲜，为京都之美，故称嘉李，令人但言嘉庆子，盖称谓既熟，不加李亦可记也。"但现在知道这别名的人就恐怕很少了。李子虽各处都有，好的品种都产在南方，江南的李子以浙江桐乡的槜李最好。槜李的个儿很大，皮作殷红色，鲜艳美丽，它有一种特点，不能摘下来就吃，必须摘下以后，在瓦钵瓷缸中放上四五天，等到果肉完全软熟，并且发出一阵阵的香气，这时吃才恰到好处。槜李的吃法也和其他李子不同，吃的时候只要在果皮上咬一小孔，就可以放在嘴里一吮而尽。它的味道，甜蜜之中，带有一股酒香，所以又叫醉李。槜李还有一种特别的标记，它的底部有一圈凹痕，有人说是西施的指甲印，传说附会，未免无稽。我是桐乡人，幼年也吃过槜李，所以晓得比较详细，觉得它远比市上的美国蜜李名贵，但也只可谓知者言之。还有大陆货大量南下，但却不曾见过槜李，想来这一包水的槜李，外销太困难了，而产量太少，也是一个原因吧。李子医疗上作用不大，可以醒酒解渴，可以兴奋精神，含的铁质较多，用蜜饯制成李脯，就能够久藏不坏，市上出售的嘉庆子，或名嘉应子，就是李的变种。

(摘自沈苇窗《食德新谱》，香港凌云超纪念馆1988年版)

桐乡槜李若干生物学特性及其栽培措施(节选)

陈履荣　张佐民　许敖奎

一、引言

槜李为我国浙江桐乡的特产名果，相传起源于春秋战国时代。历代作为“贡品”而闻名于世。槜李果形圆整而略扁，皮色殷红，密缀黄点，外披白粉，艳丽可爱。果肉呈蜜黄色、汁多味甘而清香，品质极上，为我省群李之冠，畅销于国内外，大有其发展前途。

有关槜李的记述和研究，古如宋代张尧同，元代李日华，明代黄涛，清代朱竹垞、王芑亭等均对槜李有文献或诗词，近代中华人民共和国成立前如俞斯健(1930)、胡昌炽(1931)、成汝基(1931)、朱梦仙(1937)，中华人民共和国成立后孙宏宇(1957)等发表了调查研究报告，然多侧重于生物学性状。作者总结前人经验并加上个人在原产地的调查研究与生产实践，就其生物学特性及栽培技术作简要叙述，以供果树栽培及选育工作者参考。

二、生物学特性

(一)生长、结果特性

1. 树形与树性

槜李为中国李(Prunus snlicina Lindley)的一个品种。小乔木、生长中庸，干性较弱，幼树呈圆头形。成年树树冠逐渐开张呈自然半圆形。幼龄期生长较迅速，枝梢一年内可生长2~3次，平均新梢的年生长量为70.8厘米。成年树生长势逐渐减弱，平均新梢生长量为42.3厘米，主要是春梢，夏梢很短。

槜李的根系分布较广而浅，须根较发达。用普通壕沟法，距树干214厘米远处，观察土壤剖面根系分布，16年生的树主要分布于5~30厘米处，次之2~5厘米，50~60厘米内有少量分布。

2. 萌芽率和成枝力

槜李的萌芽率很高，幼树为79%，成年树为75%。但成枝力很低，短截一年生枝后，幼树平均发枝为3.5个，成年树仅发1~2个。故构成树冠的特点是：短枝密生，长枝稀少，树冠疏朗、枝稀而叶较少，结果多时常出现叶面积不足现象，生长势变弱。根据1980年观察丰产树，对1果的叶数平均为20张，叶面积为238平方厘米。

槜李的潜伏芽(隐芽)寿命长，如受到某种刺激则易发生各种枝梢，故树冠的中、下部不像桃树易光秃。

3. 结果年龄、结果枝类型

槜李大都以毛桃砧嫁接成苗。进入结果期早，栽后3~4年开始结果，8~10年后进入盛果期，1980年最高单枝产量达110.6公斤(16年生者)。槜李寿命较长，当地有40年生的树(桃砧)生长仍健壮，且结果良好。

槜李花芽枝易形成，年年满树皆花。结果枝有长、中、短和花束状短果枝四种。花束状短果枝因节间极短，各节所生花芽几乎丛生，开放时呈花束状，故名。

4. 花束短果枝是结果的主体

槜李开花、结果主要依靠花束状短果枝。其花芽质量好，善于结果，果大，据调查，可占全树产量的80%左右。结果后，果枝的顶芽延伸一小段形成新的果枝，如此可连续3~4年，但以2~3年生的结果力为最强。在每10厘米长度内，二年生枝上平均有花束短果枝4.3个，三年生枝上有2.4个，四年生枝上有1.2个，五年生枝以上逐渐失去结果能力。但衰老的花束状短果枝仍能发生更新枝再结果。长中果枝所结果实约占全树产量近20%，调查发现个别单枝长果枝可占60%。

5. 落花落果

槜李的落花落果较其他李品种为严重，其落花落果主要有三期：第一期于谢花后即落，数量多，这是花器本身发育不完全所致。第二期于谢花后二周，果以绿豆大小时开始，落果数多，这是由于授粉授精不良或子房的发育缺乏某种激素所引起，自此约20天后基本稳定不再落。第三期约自第二期落果后的三周开始，持续约15天，落果数少，这是胚缺乏养分或气候不良等所致。

关于落花落果的原因，主要有以下八点：

(1)栽培管理粗放，树体贮藏营养不足。槜李的花量很多，据1980年对结果枝的调查，槜李是"玉露"桃花的2.8~3.1倍。开花时消耗大量养分，如树体贮藏养分不足，易致营养失调而落花落果。

(2)花芽分化不良，花芽发育差，花器不健全。这些芽所开的花形小，开花迟，还有无雌芯的……

(3)自花结实率较低。1980年对槜李花套袋自交试验表明，它的自花结实率只有5.4%，人工授粉为21.8%，自然授粉为12.2%。

(4)缺乏异花授粉品种。槜李的花期比一般李品种晚，常缺少花期基本相同而亲和力又较高的适宜授粉品种。

(5)檇李开花集中而花期短。从初花期至盛花期只有3~4天,如果花期适遇阴雨、大风或低温,不但花粉成熟不良,且直接影响到蜜蜂等昆虫的传粉授粉。

(6)果园不养蜂影响授粉。

(7)晚霜袭击。檇李花期虽晚,但凡春季低温之年花期与幼果期内(即从3月下旬至4月中旬)还有可能遇到1~2次晚霜侵袭。

(8)病虫危害,造成早期落叶及落花落果。

以上八点落花落果的原因有的是互为因果,互相联系的,必须根据具体情况,因地制宜地采取相应的措施,进行保花保果,提高着果率,增加产量。

(二)物候期

现将桐乡桃园大队所观察的檇李物候期记述如下:

1. 营养生长物候期

(1)萌芽期:檇李萌芽开始期,1980年是在3月28日,比正常年晚5天左右。

(2)抽梢期:1980年檇李于4月中旬开始抽新梢,其生长高峰是从4月下旬开始,6月中旬暂停生长,6月下旬二次生长开始,7月中旬停长。短枝生长停止很早,萌芽后15~20天即封顶停长。

(3)落叶期:1979年10月25日叶片经霜打后即开始变黄并逐渐脱落。

2. 生殖生长物候期

(1)萌芽期:当气温达到9.4℃时,花芽开始萌动。

(2)开花期:从初花到盛花末期仅3~4天。1980年开花期的平均气温为18.4~23.5℃。1979年与1980年花期相差10天，主要是1979年3月下旬气温高，而1980年同期气温低之故。正常年份的花期则介于两者之间，即3月底至4月初。

(3)果实生长期：果实发育可分为四期。第一期从正常受精至5月下旬硬核期开始为幼果期。第二期从5月下旬至6月上旬为硬核期。第三期6月上旬至7月上旬为迅速肥大期。第四期从7月上旬至7月中旬为着色成熟期，从开花到果实成熟需要100~110天。

(三)对外环境条件的要求

檇李的原产地是桐乡桃园头，处长江三角洲之东南部，为一片冲积平原。根据有机体与外界环境条件统一的学说，檇李在桐乡自古栽培，有适应于该地风土条件的一面，当然也存在不足之处，兹将其环境条件分析如下。

1. 气候：桐乡县年平均气温16℃，全年无霜期230天，晚霜期4月16日左右，年降雨量1200毫米。温暖湿润的气候，较长的生长季节，总的来讲有利于檇李的生长发育，但在檇李的开花、着果与成熟期间，也常会遇到一些不利的气象因子，在一定程度上影响产量与品质。例如檇李开花、着果期需要风和日暖的天气，可以充分授粉受精，多结果实，但从3月28日至4月5日9天的花期幅度内，平均每年有4.7天阴雨天，平均日降雨量为30.02毫米，日照5小时，同时在4月16日这段时间，平均每10年中有6年遇到晚霜或寒流的袭击。果实生长发育与成熟期需要充足的日照与较大的昼夜温差，则果实增长快、着色好、糖分高，裂果少。但从6月至7月中旬日照仅6.6小时，温差也只有7.1~7.2℃，显然感到不足。

2. 土壤：桃园头土壤系浅海沉积土，果园土层深厚，中上等肥力，黏质土壤，pH6.5，地势较高，梅雨季节最高地下水位60厘米左右。根据土壤养分测定结果，有机质含量略低，营养元素中以钾、镁较丰富，基本上有利于檇李的生长发育，但是黏质土壤不利排水。

李很喜钾、磷肥。实践证明，对檇李重用钾、磷肥，则有利于果实肥大和糖分的增高，反之，如施氮肥过多，糖分则显著下降。桃园大队1980年6月19日施硫酸钾每株1斤，同时在生长期内又喷了三次0.3%磷酸二氢钾，果汁平均可溶性固形物为14.1%（比1979年增加0.8%），最高则达19%，味甘而芳香浓郁。其附近的皂林果园，1979年前都施氨水，品质一直提不高，1980年初每株施羊栏粪100斤，外加过磷酸钙5斤，果实品质有显著提高，可溶性固形物为10%~12%，比1979年增加了1.7度。

三、栽培技术要点

（一）栽植须掘深沟，筑高畦

定植穴的深度和宽度以60~80厘米为宜，定植前施足基肥，每穴约施50斤腐熟堆肥或厩肥。栽植后如无雨，宜浇水以保成活。

1. 授粉树的配置：檇李的授粉树以当地蜜李为最适宜，因为它的花期与檇李相同，而两者的亲和力亦高。经蜜李授粉后，檇李的着果率为28.8%。蜜李本身产量高，品质较好，也是经济品种，故与檇李配置可按1∶2~3的比例，即1行蜜李，2~3行檇李。

2. 实行密植：檇李成花易、结果早、属小乔木，生长中庸，枝条疏朗，以花束状短果枝结果为主，具有鲜明的“短枝型”特点，故适于矮化密植，株行距宜4米×2~3米或3.5米×2.5米。

（二）培育管理

1. 土壤管理：结果树必须于采后施足有机肥，以恢复树势。生长期内要看树势及叶分析结果追肥。如桃园大队作叶分析，磷钾含量偏低(钾1.5583%，磷0.1708%)，故于6月中旬必须施一次钾、磷肥，每株硫酸钾和过磷酸钙各1斤，以助果实肥大并促进着色，提高糖分。此外，在生长期内结合喷药或单独进行叶面喷施，0.3%磷酸二氢钾和0.3%尿素2~3次。果实成熟期前要特别注意疏沟排水，以减少裂果，提高糖分。经试验采用15天喷布2000ppm“比久”可减轻裂果率(裂果率为1.1%，而对照的裂果率为2.4%)。生长期内勤除草松土，今后可试行生草、青草还田。夏秋旱要进行灌水和覆盖。

2. 整形修剪：树形以自然开心形为主，也可做主干疏层形。今后矮化密植时可试用圆柱形或篱壁式等。采用自然开心形时，一年生苗定干后选留三个主枝，其后再在每个主枝上先后选留两个副主枝，要保持主枝间的平衡与主、副枝间的从属关系，这样经4~5年即可基本形成。

槜李萌芽率虽高，但成枝率低。短果枝极易生成，而开花极多，故必须培养健壮的侧枝群，以便充分利用空间，增加结果。侧枝修剪宜以疏删为主，以长放的一年生枝，形成结果枝，开花结果。而后，如见有衰老者要及时回缩，促其自下部发枝更新。而在主枝光秃少枝之处，则应选适当枝短截，使其发生分枝，以资填充空间，扩大结果面积。

槜李的潜伏芽寿命长，对衰老的结果基枝可行重短截更新。如见有多数枝老衰时，宜分几年回缩更新，不可操之过急，影响产量。同时可利用内膛和下部的潜伏芽所萌发的徒长枝，约留全长1/2短剪，即能自此发生多数结果枝结果，可以填补树冠空虚部分，提高产量。

要做到既结果又生长，保持高产稳产，必须确保树势强弱适中，故对弱树要进行重短截，以促进其生长势，对旺树要轻剪疏删，以缓和树势。

夏季修剪，如调正枝角、抹芽、去梢、拉枝，必须及时进行。

3. 增加异花授粉的机会：对没有授粉树的槜李园要适当地高接授粉品种与饲养蜜蜂。但是蜜蜂的活动常受天气的限制。槜李花期如遇到不好的天气，则宜行人工辅助授粉。试验表明：经人工授粉后，平均花朵着果率21.8%，比对照（自然授粉）高80%，花束着果率57%，比对照高27%，每花束着果数1.22个，比对照高62%，单果重和含糖量也均高对照。因此事前必须采集好花粉，做好授粉准备。

4. 防止霜冻：如有寒流或霜冻的天气，必须于凌晨3时起熏烟防霜到5时半后，减少花和幼果冻害。

5. 设立防风林：以植常绿树为主，可以有效地改善小气候，抵御大风侵袭，有利于蜜蜂活动。

6. 防治病虫害（略）。

7. 采收：7月上、中旬，当果实有2/3~3/4着色，约有八成熟时，则可采收。由于槜李成熟不一，从头至尾有10天左右，故应分期采摘，采摘时要轻拿轻放，要带果柄，不伤害花束状枝及其他枝叶。采后将果分级，放木盘内，置于阴凉通风处即行包装出售。

槜李为水蜜李，果皮厚，采收后经贮藏3~5日便陆续红透，肉质软熟化浆。食时可于皮面穿一孔，吸出其汁液，香甜可口，果汁营养丰富，含有多量维生素C。食后生津，为夏令解暑益神之上品。

（本文为调研报告，摘要刊于《中国果树》1983年第1期）

（四）槜李专著《槜李谱》

槜李谱

朱梦仙

序

天地之孳生万物，无不有益于人类。鲜艳之花木，以供吾人赏玩；珍异之果品，以供吾人啖食，如南国荔枝、西京[1]葡萄、洞庭[2]枇杷、闽中橘柚之类，均为果中杰出，早脍炙于人口，而吾乡特产之槜李，尤为隽美，其香如醴，其甘逾蜜，虽葡萄、荔枝，未足以方其美，嗜之者，莫不交口赞誉，推为果中瑰宝。然因限于区域，产量甚少，故不能与他种果实相竞于市场。善于营利之流，往往以他种李实，富其装璜，美其宣传，称之曰“桐乡槜李”以牟利。能供给真正桐乡特产之槜李，其有谁欤？故槜李味虽绝

图39 《槜李谱》扉页

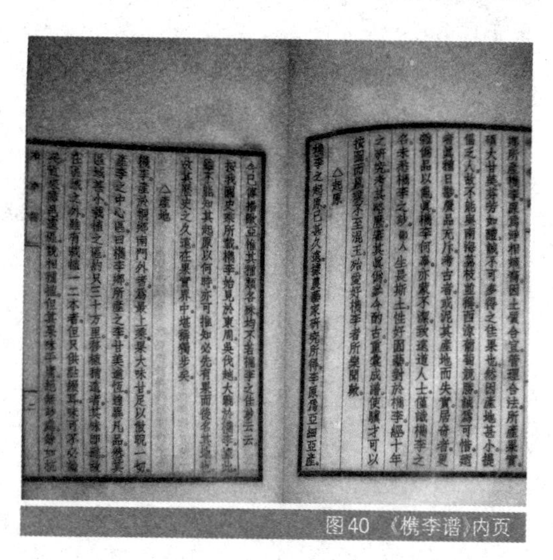

图40 《槜李谱》内页

妙,而于远道人士,尚少印象。盖赝品槜李,味极平庸,购者未能别其真伪,以为槜李之味止此而已,其实阳虎[3]貌似孔子,知阳虎之暴而不知孔子之为圣人也。或曰槜李产于嘉兴竹里之净相寺[4]者,方为真种。予曰不然,槜李产地原不限于净相,前嘉兴府治下梅里、竹里、桐乡、海盐,均有出产,净相之能独擅盛名,实得诸吴宫之献[5],今其种早绝,而附近之竹里、梅里,佳种亦鲜,海盐角里山中,尚有出产,但其品质已变,迥匪[6]吾乡所产优美,于是桐乡槜李其名遂著。考槜李城,在嘉兴府治西南,地以果名之。净相寺在府治偏东之竹里,据此推之,则槜李之正确产地在桐乡而不在净相者明矣,予焉敢以妄诞之言,掠人之美。今净相之种已成绝响,欲求真正之槜李者,厥维[7]桐乡乎!爰[8]辑是谱,以为爱好槜李者作一向导云尔。

二十六年立夏节梦仙亦僧甫序于晚翠堂

注释:

①西京:应是"西凉",下文"总论"中写作"西凉葡萄"。西凉,泛指我国西北部地区。

②洞庭:太湖洞庭山,盛产枇杷。

③阳虎:一作阳货,春秋后期季孙氏的家臣,挟持季桓子,据有阳关(今山东泰安南),掌握国政,权势很大。

④净相寺:名寺,在今嘉兴市南湖区新丰镇,毁于抗战期间,现已重建。

⑤吴宫之献:指因西施喜食槜李而进献吴宫。

⑥匪:通"非"。

⑦厥维:也只有。

⑧爰:于是。

序

伏处沪渎，如入囚笼，饰面违心，了无佳趣，颇思得数亩地，艺花栽果，以为生涯，奈天之靳[①]予并此而不得何？去秋，孙子味虀[②]招予作审山[③]之游。临流小筑，拥绿成村，问雨课晴，剔虫芟叶，终日盘桓其间，无复知尘世有扰攘事，益心焉慕之。顷者，朱君梦仙以其石社兄[④]之介，出《槜李谱》见示。梦仙固以丹青名世，而兼事学圃，辟晚翠园于屠甸者有年，《槜李谱》为其经验有得之谈，直堪与前彦之《荔枝谱》、《水蜜桃谱》、《橘录》[⑤]并传，亦艺林佳话也。且予他日果将摆脱俗累，从事于山之巅、水之湏[⑥]，则梦仙、味虀其我导师乎？爰书此以为息壤[⑦]。

丁丑寒食郑逸梅草于纸帐铜瓶室

注释：

①靳：吝惜。

②孙子味虀：孙味虀(?—1961)，字冰壶，屠甸人，寓居硖石，画家，工人物、花卉，山水尤超逸，曾助编《国光》艺刊，平时不废耕耘，叱犊田畴间，怡然自乐。后在苏州以绘扇、书签等为生，晚年退居故里。

③审山：即沈山，俗称东山，在海宁硖石。

④石社兄：朱梦仙友人。“社兄”泛指盟友、同社中人。

⑤《荔枝谱》、《水蜜桃谱》、《橘录》：《荔枝谱》，宋代蔡襄撰，成书于嘉祐四年(1059)，论述福建荔枝的品种、产地及栽培、加工、贮藏等方法，是我国现存最早的荔枝专著。《水蜜桃谱》，清代褚华著，褚华(1758—1804)，字文洲，上海县人，农学家、史地专家，对农学颇有心得，除《水蜜桃谱》外，尚有《木棉谱》。《橘录》，南宋韩彦直撰，成书于淳熙五年(1178)，初名《永嘉橘录》，分上、中、下三卷，是我国第一部柑橘专著。

⑥湏：沿河的高地。

⑦息壤：传说中一种能自己生长，永不耗减的土壤，这里指能长久流传下去，不失传。

总　论

檇李，为果中隽品，味之甘美，实罕其匹，古人有珍果之称，良不谬也。其名始见于《春秋》，地以果名之。嘉兴为古檇李郡，邑中多产佳李，相传净相寺所产者，尤为著名。昔嘉兴王芑亭[①]先生曾为净相檇李作谱。洎[②]同治以后，净相迭遭火厄，又苦官方婪索，主持屡受笞责，忿而尽伐其树，千载灵根，竟尔绝灭，可胜浩叹。真种之流传于外者绝鲜，或因土质不宜，品即变劣；或因管理无方，旋即枯死，故真种檇李竟如鲁殿灵光[③]，不可多得矣。吾乡所产檇李原为净相嫡裔，因土质合宜，管理合法，所产果实硕大甘美，芬芳如醴，诚不可多得之佳果也。然因产地甚小，提倡乏人，故不能与南海荔枝并称，西凉葡萄竞胜，诚为可惜，乃者真种日鲜，赝品充斥。考古者或泥其产地而失实；居奇者更杂伪品以乱真，檇李何辜？亦蒙不洁，致远道人士仅识檇李之名，未悉檇李之妙。鄙人生长斯土，性好园艺，对于檇李，经十三年之研究，考其略历，审其真伪，参今酌古，重汇成谱，使骥才可以按图[④]，而鼠璞不至混玉[⑤]，殆爱好檇李者所乐闻欤！

注释：

①王芑亭：名逢辰，嘉兴新篁人，生活在清道光、咸丰、同治年间，贡生。同治九年(1870)撰《檇李谱》，记述了檇李的历史掌故和生产、管理技术，是第一部檇李专著。

②洎：自从。

③鲁殿灵光：灵光，汉代殿名，为鲁恭王刘馀所建，西汉后期，长安(今西安)连遭兵祸，未央殿、建章殿等俱被毁，而灵光殿独存。后借指硕果仅存为鲁殿灵光。

④骥才可以按图：即按图索骥。

⑤鼠璞不至混玉:《尹文子》:"郑人谓玉未理者为璞,周人谓鼠未腊者为璞。"后世以鼠璞比喻为有名无实的人或物。这里意为真伪槜李不致互相混淆。

起 原

槜李之起原,已甚久远,据农艺家研究所得,李原为亚细亚产,今已传播欧亚。惟其种类各殊,均不若槜李之佳妙云云。按我国史乘所载[1],槜李,始见于东周,吴伐越,大战于槜李[2]。据此,虽不能知其起源以何时,亦可推知必先有果而后名其地也。故其历史之久远,在果实界中,堪称独步矣。

注释:

①史乘所载:《春秋·定公十四年》有"五月,於越败吴于槜李"的记载。

②槜李:古地名,又作醉李、就李,在今嘉兴市西南。

产 地

槜李,产于桐乡南门外者,为最上乘,果大味甘,足以傲睨一切。产李之中心区,曰槜李乡[1],所产槜李,甘美逾恒,迥异凡品,然其区域甚小,栽植之区,约只三十方里。移植稍远者,其味即逊。故在区域之外,虽有栽植一二本[2]者,但只供点缀耳,味可不必论矣。近来邻邑远区,竞相种植,但其果味平庸,绝无妙处。余如杭嘉甪里之产,形似而已,味则望尘莫及也。

注释:

①槜李乡:在原百桃乡区域,2002年,北半部并入梧桐街道,南半部并入屠甸镇。

②本:棵。

地考

按槜李城，系嘉兴府属。春秋吴越之战，越陈兵石门以拒吴，即今崇德县也。迤东筑土城五，曰晏城[1]，曰槜李城，曰吴城[2]，曰管城[3]，曰宣城[4]，今城址均已湮没，然其村落，往往依城为名。而产李之中心区，曰槜李乡，槜李城之故址也，位于嘉兴西南四十五里，东距屠甸六里，北距桐乡十二里，东南隔沪杭线硖石站二十四里。里中所产之李，甘美绝伦，世罕其匹，即名槜李，为他处所无，故外间绝无其种。

考《嘉兴府志》：槜李城在嘉兴府治西南四十五里，城高二丈五尺，厚一丈五尺，春秋时吴越之交战地也，故其西有荒原百里，俗名天荒荡[5]，向少人烟，故老相传，确为吴越战场，青燐鬼火，屡有发现。故古之槜李城，实今之槜李乡也，俗亦称桃源村[6]，或简称桃园头。

据《花史》[7]载称：嘉兴府城西南，产佳李，因名槜李，盖因果得名也。

注释：

①晏城：在今屠甸镇晏城村。

②吴城：应为何城，在今崇福镇西星火村有何城庙。

③管城：在今海宁市境内。

④宣城：应为萱城，在今崇福镇东南，一说在今洲泉镇晚村村。

⑤天荒荡：在今凤鸣街道新农村村。

⑥桃源村：今作桃园村，在今梧桐街道桃园村桃园头自然村。

⑦《花史》：明崇祯间吴彦臣著。吴彦臣，字子范，万历辛卯举人，曾任龙南知县。

名　称

《春秋》本作檇李，《公羊传》[①]作醉李，《越绝书》[②]作就李，《史记》[③]及《汉书》[④]并作隽李，《集韵》[⑤]或作槜。又嘉兴县《何志》相传，吴王醉西施于此，故一作醉里，然檇李味甘如醴，《公羊传》[⑥]称醉李，即此义也。故近人亦称醉李。

注释：

①《公羊传》：亦称《春秋公羊传》或《公羊春秋》，专门阐释《春秋》一书，战国时公羊高所撰。

②《越绝书》：一称《越绝记》，东汉袁康撰，记吴越两国史地及伍子胥、子贡、范蠡、文种等人的活动。内有“语儿乡故越界，名曰就李，吴疆越界为战地”一语。

③《史记》：原名《太史公书》，西汉司马迁撰。为我国第一部纪传体通史，记事起于传说中的黄帝，讫于汉武帝，共3000年左右。“吴太伯世家”篇内有“十九年夏，吴伐越，勾践迎击于隽李”一语。

④《汉书》：东汉班固撰，为我国第一部纪传体断代史，是研究西汉历史的重要文献。

⑤《集韵》：韵书，宋代丁度等奉诏修订，收字53525个，是研究文字训诂的重要书籍。

⑥嘉兴县《何志》：清康熙《嘉兴县志》，何志修，后世称“何志”。

科　属

李属蔷薇科，为落叶亚乔木，树高丈余，叶卵圆而长，檇李叶更肥厚，表面无光泽，春日开花，白色五瓣，实圆而红，香如酒醴。其余之各种李，叶与枝干均与檇李不同。本编专述檇李，余从略。

种 别

桐乡产槜李外，尚有潘园李、美人李、夫人李、黄姑李，亦系佳种，各有所长，但较之槜李，瞠乎其后矣。余有紫粉李者，实红而小，为实生之野李，李中之下驷[1]也，维其核有仁，可以播种，为砧木[2]之用。又有名郁李者，又名英李，或云即麦李，亦系李属，干高尺余，花红色而重瓣，繁密而妍丽，真如小家碧玉，临风弄姿者然。吾乡多产之，果实似樱仁，可入药。余外尚有御李、均亭李、茄皮李、米李、麦李、晚李、冬李等等。日本有寺田李，欧西有金李、绿李、甘李、银李等等，然非吾乡所产，未能道其优劣也。

注释：

①下驷：下等马。这里意为下等品。

②砧木：一名接本，植物嫁接繁殖时与接穗相接的植株。

别 名

吴门郑逸梅先生《花果小品》云："前人称李曰嘉庆子，其说见于韦述《两京记》[1]，东都嘉庆坊有李树，其实甘美，为京都之冠，故又名嘉庆李。"唐白居易、宋洪迈均有咏嘉庆子诗。嘉庆子虽即是李，实非槜李之别称。今人概以为李脯之号，《本草》记李之名，多致数十，但均非习见，而槜李却未见列入，其别名亦曰嘉庆子。又云：《梵书》[2]称李曰居陵迦。

注释：

①《两京记》：唐韦述撰，五卷，两京指西京长安和东京洛阳，故此书又称《东西京记》，久佚，今仅存第三卷所载街坊寺观的部分。

②《梵书》：佛学著作。

辩　证

郑先生又云:“槜李于净相产者为最,惜已绝种,今所产者,不及净相远矣”,云云[①]。第[②]不知槜李始发原于吾乡,本非净相独有,东有梅里、竹里,南有海盐,西有桐乡,均皆产生。而净相绝种以后,梅里、竹里相继无存,海盐产者果小味淡,远不若桐乡产者之硕大甘美,良以产地正确使然也。

注释:

①云云:如此如此。

②第:但、但是。

树　性

槜李树性坚强,不易长大,嫁接之后,六七年方能结实。如结实太早,必须完全摘去,否则元气早泄,竟难发育,或至枯萎而死。接李以野桃为砧木者,树易长大,寿命较短。以野李为砧木者,长大其迟,树形矮小,利于管理,寿亦较长。或云:“以槜李接于桃本,其核必大”,实未尽然。

树　形

槜李树形,略似杏树,皮色紫褐,叶浓绿肥厚,花蒂甚短,枝条向上,普通高度约一丈余,或有高至二三丈者,但不便管理矣。

嫁 接

槜李无实生或分根者，必须接换。其法：预选一二年生之野桃或野李，于清明左近接换。枝接[1]易活，芽接[2]较次，而吾乡均用割接法，其术虽旧，而其成绩较良。盖槜李种既名贵，接后颇不易活。近有用新法驳接者，但活者甚鲜。《原谱》[3]云："独槜李无烦接换，须俟根土旁生者，分植即得，或用压枝法，然上二法，皆非经验之谈"。盖槜李正须接换，绝无实生或分根者，苟于根核中得之，则仍为野李耳，不足取焉。古法接李，于腊月中，以杖微击歧间，正月复击之，而后嫁接。许氏《说文解字》[4]："槜，以木有所捣[5]也，从木，隽声"，击即捣之义也。今此法已废去久矣，姑存其说。李日华[6]《紫桃轩杂缀》载称："槜，木之所捣也"。吾地称槜李，岂捣治李实，将以为脯欤。然今之李脯佳者，推嘉庆。吾郡不闻擅是。按此，则捣以嫁接，非同一义也，明矣。

注释：

①枝接：植物嫁接方法之一。嫁接时用母树枝条的一段（通常须有1~3个芽），基部削成与砧木切口易于密接的削面，插入砧木的切口中，使之接合，成活为新植株。

②芽接：植物嫁接方法之一。嫁接时从枝上削取一芽，略带或不带木质部，插入砧木上的切口中并予绑扎，使之密接愈合。以丁字形芽接应用最广。

③《原谱》：指清代王芑亭编撰的《槜李谱》。

④《说文解字》：简称《说文》，文字学书，东汉许慎撰。收字9353个，每字下的解释，大抵先说字义，再说形体构造及读音，依据六书解说文字。是我国第一部系统分析字形和考究字原的字书，也是世界最古的字书之一。

⑤捣：用棒的一端撞击，敲打。

⑥李日华（1563—1635）：字君实，嘉兴人，明万历进士，官至太仆寺少

卿，能书画，擅鉴别，所作笔记，内容多为论书画，表现读书人的闲适情调，笔调清隽，富有小品意致，著有《紫桃轩杂缀》《味水轩日记》等。

整　枝

树之能结佳果，端赖整枝，槜李亦然。不加修剪，枝条紊乱，产李难期美满。槜李树形以矮小而四周开张者为宜，中间向内之枝，概须剪去，四周杂枝，亦须芟除[①]。余如弱小枝、过密枝、有病枝、向下枝，剪除务尽，此法宜行于冬季落果后及发芽前，逐年整理，结果必良，采摘亦易。若任其高大，病害虫伤，不易觉察，鸟啄风吹，损失必大，摘果之时，因高而不能辨其生熟，每有过生、过熟之弊。故槜李树形，总以矮性为宜。

注释：

①芟除：删除。

栽　培

李树接活后，一二年中必须定植。先垦欲植之地，然后距离一丈二尺，或一丈四尺，开成径尺之穴，再用河泥平铺穴中，待其略干，即可栽植，时期在十二月中旬至次年二月下旬。栽时不可使根部露出土面，但过深又碍发育，务以适度为宜。

远 移

槜李虽桐乡土产，非处处皆可栽植。昔传净相之李，植于寺外者，其味即逊，故净相李绝灭之后，附近无佳种。吾乡亦然，植于区域之外者，味必淡；四十里外者，肉质沙而无浆；百里外者，果形小如弹丸，味更不必论矣。昔湖州某绅家，曾托舍亲[①]购槜李二十枝，乃至结果，大失所望，盖果小味劣，认为伪品，尝谓被舍亲所欺，及询之吾乡土人，方知槜李不能远移，为之怅然久之。昔有咏槜李云："兼金论价，迁地弗良"[②]，云云。橘逾淮而化枳，梅渡江而成杏，土宜使然也。近有拟槜李远植方法者，用产地之土壅[③]于根之四周，预种之先，开成四五尺巨穴，深约三尺余，然后将产地之土充实其中，而植槜李以其上，使树根不与客土相接，每年冬季仍用产地之土，以充实之，则所产果实可不致变易。但因手续太烦，未尝有人试验。

注释：

①舍亲：谦称自己的亲属。

②"兼金论价，迁地弗良"：钱聚朝在王芑亭《槜李谱》中的题咏中有此一语。

③壅：用泥土或肥料培育植物的根部，壅土、壅肥。

年 龄

槜李树，未有极大者，种后七八年已能结实，十年外者，结实渐多，乃树之壮盛时也，二十年后，新枝渐短，结实亦少，而呈衰颓之象，主干易被蛀蚀。总之，以梅李为砧木者，寿命可至四五十年，以野桃为砧木者，只二十年，因桃本易受虫蛀耳。

管 理

檇李，无烦十分管理，中耕[①]、施肥均不可少，删枝、疏果在所必要。树在成年之后，须防虫蛀，枝上病菌，去之务尽，则管理之职尽矣。

注释：

①中耕：田间管理措施之一。于作物生育期中，在株行间进行锄耘，以松土、除草或兼营培土。在土壤水分过多时，中耕可以使土壤表层疏松，改进通气状况，提高土温，促进根系生长。

遣 嫁

嫁李略似嫁杏，惟其法稍异。俗于立春日，天未明时，用蜡炬遍照李林，即名嫁李，云幼树行此法后，当年即可结实。又寒食日[①]，用稻草一根缚于树干，云可不受虫蛀。但此均属游戏耳，不足信矣。

注释：

①寒食日：清明前一日。

施 肥

檇李壅肥，以草木灰及骨粉为上，豆饼亦佳，粪肥最次，只宜施于开花前，促其花之茂盛，摘果后补其力之不足。果在幼小之时，大忌施肥。豆饼、草木灰、骨粉等宜于冬季施用。

疾 病

植物均能致病，不加注意，树能致死，果能尽落，槜李更甚，故须严防之也。病有膏药病、绿菌病、炭疽病、腐败病、白点病、锈病等等，膏药及绿菌病专害枝干，炭疽病兼害果实，白点及锈病专害叶，间接影响果实，腐败病专害果。治法宜使园地清洁，枝条稍疏，风光通透，病害自少，偶有发现，立即剔去，再用石灰水拭有其病处，可不复发。

虫 害

蛀主干者，有天牛[①]。害叶以蚜虫[②]为最烈，次有毛虫、绘书虫[③]等。害果者，象鼻虫[④]最烈，次有木叶蛾[⑤]，折心虫[⑥]等等，或害叶，或害果，或果叶兼害。而扑灭实属不易，总宜时时视察，未成燎原，治之尚易。

注释：

①天牛：俗称“锯树郎”，昆虫纲，鞘翅目，天牛科，为森林、桑树、果树的主要害虫。

②蚜虫：昆虫纲，半翅目，同翅亚目，种类很多，危害粮食、蔬菜、瓜果等。

③绘书虫：一种虫的俗名，在叶上或果上爬行过留下一种白色的黏液。

④象鼻虫：昆虫纲，鞘翅目，象鼻虫科，亦称象甲，头部有喙状延伸，呈象鼻状，故名。

⑤木叶蛾：亦称木叶蝶，昆虫纲，鳞翅目，蛱蝶科，休息时两翅合拢，露出翅的反面，好像一片枯叶，故名。

⑥折心虫：一种虫的俗名，能咬断枝叶。

花 期

槜李花期与桃同时，三四月间，颇饶韵致，绿柳红桃之间，时见亭亭倩影，虽虢国[1]早朝，无此素艳也。如春风煦和，开花期间约一星期，天寒约有十余日，如遇天气郁热，或有风雨，则二三日间，落英缤纷矣。

注释：

①虢国：指虢国夫人（?—756），唐朝杨贵妃之姐，与姐妹三人并得唐玄宗宠遇。

花 形

花白色五瓣，蕾隐花苞中，每一叶芽四周，约有花苞三四个至十余个不等。每一花苞中，有花一二朵至三四朵，故花甚繁密。盛开之时，弥望皆白，枝条均被掩去。花聚簇成球状，雅淡素艳，洁逾梅萼，身入其中，疑在香雪海里，惜无香气耳。昔人谓李花洁丽而无香，清艳而不俗，拟比之女冠子[1]，余亦谓恰当。明吴尚书鹏[2]为其弟鹤撰《嘉兴太平寺沸雪轩碑记》云：“绕槛植李树千枝，开花如晴雪，垂实如冰桃”，此真能为槜李写生者矣。

注释：

①女冠子：女道士。原为唐教坊曲名，后用为词牌，内容多咏女道士。

②吴尚书鹏：吴鹏（1500—1579），秀水（今嘉兴）人，字万里，号默泉，明嘉靖二年（1524）进士，授工部主事，参议黔中，曾出使安南（今越南），督理漕河，官至吏部尚书，有《飞鸿亭集》。

果 形

檇李，形圆而微扁，蒂短底平，能平置桌上，皮色殷红，密缀黄点，或半红半黄，红处仍有黄点。在叶底者，色多黄红，或竟无红。无叶遮蔽而在日光中者，多缀红色，或整颗殷红。外被白粉，肉色密黄[①]，熟即化浆，酒香浓烈。味以圆整者为上，或有歪蒂，或一蒂而二李并生者，名鸳鸯李，总不若圆整者之浆液充溢也。

注释：

①密黄：应为蜜黄。

辨 真

上述果形，为辨别真伪之要点。檇李之形体，与别种李迥然不同。而贩售者，往往杂以伪品，藉欺主顾，而购买者实未能识其真伪也。凡果底外凸，红面无黄点，肉熟而不化浆液者，必系赝品，非真檇李也。又檇李核中之仁，绽者绝少，鲜时[①]或有之，但经干燥，仁即敛缩，盖绝无发芽能力也。反是，必非真正檇李也。相传晋王戎[②]性甚鄙吝，园有佳李，售时必钻其核，恐人得其种也。然檇李无仁，正无烦其钻核，如或有仁，必系另有佳种，决非檇李矣。但王戎钻核，识其吝耳，必无其事也。况果实之核生者，种必变劣，总无母本之良。另有潘园李者，亦为李中之上品，昔人谓潘园、徐园，均系檇李，实大谬也。考潘园李，较檇李为小，至熟犹青，肉甘脆而脱核，故潘园李与檇李，是二而非一也。《桐乡县志》亦详为解释。又潘园李脆爽甘美，不亚檇李，但形态琐陋，不能见赏于名流，是其缺憾，故味虽绝妙，而不识者均视为劣品，不愿一尝。此与抱负不凡之人终老于山林草泽之间，无稍异焉。《桐乡县志》记张仁麟[3]《屠甸竹枝词》云：“长日看书静闭门，幽居在市亦如村。堆盘爱吃潘园李，不羡香魂托爪痕。”足证其味不在槜李之下，但树性高贵，不易结实，种者甚少，将来恐有绝种之虞。徐园李未详，按《紫桃轩杂缀》云：“余少时得尝徐园李实，甘脆异常，而核只半菽[4]，无仁，园丁用石压其根，使旁出而分植之，结实一树止三十余枚，视之稍不谨，即摇落成空枝矣，以故实甚贵，非豪侈之家，未得一尝也，人云此即槜李，未知是否。”云云。然甘而脆者，恐非槜李，或即潘园之类耳。

注释：

①鲜时：极少时候。

②王戎(234—305)：西晋琅琊人，好清谈，为“竹林七贤”之一，累官尚书令、司徒。贪吝好货，广收八方园田，积钱无数，每自执牙筹，昼夜计算，为时人所讥。

③张仁麟：清末屠甸文人，作有《石泾竹枝词》。《屠甸竹枝词》，误。

④菽：大豆。半菽，指半粒豆大。

影　射

槜李产额甚少，远运不易。沪上为通商巨埠，各省土产皆有，维槜李独付缺如[1]，即或有之，赝品耳。尝于去夏至杭，见肆[2]中有李，大似吾乡所产槜李，购而食之，味淡而肉沙。问其产地，系杭城墓园，物确为桐乡真种，而外表颇似，然其味竟有天壤之别。皮相者，实难辨识。又沪杭路沿站小贩，夏间有售李者，辄高呼“桐乡槜李”，每法币[3]一元，可得六七十枚，实小味劣，色红而紫，此紫粉李也。吾乡所不屑供大嚼者，而远道过客方识为物美价廉，每购之以馈亲朋。小贩欺人，往往如此。

注释：

①缺如：缺少，没有。

②肆：店铺。

③法币：民国货币名。1935年11月4日，国民政府实行法币政策，以中央、中国、交通三银行(后加入中国农民银行)发行的纸币为法币，同时禁止银圆流通。

爪 痕

槜李之有西施爪痕，犹牡丹之有贵妃指痕，千古并传，引为美谈。自来文人之题咏槜李者，必联及爪痕，如朱竹垞[1]太史《鸳鸯湖棹歌》云："听说西施曾一掐，至今颗颗爪痕添"，最脍炙人口。又各家咏题，略记如次："兴亡常事何须问，且向西施觅爪痕"[2]，又："吴宫花草久荒凉，犹胜西施爪甲香"[3]，又："记得爪痕曾把玩，频劳纤手摘高枝"[4]，又："吴宫变沼西施去，只有爪痕今尚留"[5]，又："纤痕留得夷光掐，更使千秋享盛名"[6]，又："爪掐纤痕留颗颗，琼浆吸尽润诗喉"[7]，又："美人纤爪空留掐，一捻还堪比牡丹"[8]，五言有："共传仙果美，爪掐尚留痕"[9]，又："爪痕依然在，遥遥千百年"[10]等句，多至不可枚举，足见前人对于美人名果，十分倾倒。但所谓爪痕者，实非颗颗皆有。《旧谱》言净相槜李，亦非颗颗皆有爪痕，尝谓执前人诗意以求之，则泥矣，云云。然此痕，余经数年之研究，方知系蕊圈粘附于果皮，久而所成之斑纹也。盖李皮光滑，蕊圈粘附日久，即成斑于果上，前后左右，均无定所，其纹或如环，或如爪，或如蚓，各不相同，本无足奇，而文人多事，指为西施一掐所留，历来讹传，竟成不移之说。然真正槜李之特征，已如上述，正不必在爪痕上求之也。

注释：

①朱竹垞：朱彝尊(1629—1709)，字锡鬯，号竹垞，嘉兴人，清代文学家，康熙时举博学鸿词科，授检讨，曾参与纂修《明史》，通经史，能诗词古文，为浙西词派的创始者，诗与王士祯齐名，著有《曝书亭集》《日下旧闻》《鸳鸯湖棹歌》等。

②“兴亡常事何须问，且向西施觅爪痕”，嘉兴王芑亭诗。

③“吴宫花草久荒凉，犹胜西施爪甲香”，福安李枝青诗。

④“记得爪痕曾把玩，频劳纤手摘高枝”，上元朱绪曾诗。

⑤“吴宫变沼西施去，只有爪痕今尚留”，平湖朱善张诗。

⑥“纤痕留得夷光掐，更使千秋享盛名”，武陵余祚馨诗。

⑦“爪掐纤痕留颗颗，琼浆吸尽润诗喉”，贵州杨裕深诗。

⑧“美人纤爪空留掐，一捻还堪比牡丹”，嘉兴王文瑞诗。

⑨“共传仙果美，爪掐尚留痕”，嘉兴秦光第诗。

⑩“爪痕依然在，遥遥千百年”，全椒薛时雨诗。

时　候

果至小暑方熟，先后不过一旬，如遇节气略有迟早，则小暑前后十日必熟。昔贤云：槜李生于南方，熟于夏日，指为玉衡[①]星精，玉衡为北斗之杓[②]，夏季南指三吴[③]，而槜李生于斯土，熟于斯时，玉衡之精华殆钟于是欤，云云。古人之推崇槜李，已可想见，足征其名贵也。

注释：

①玉衡：北斗七星的第五星。

②北斗之杓：北斗七星分别为天枢、天璇、天玑、天权、玉衡、开阳和瑶光，天枢、天璇、天玑、天权四星叫斗魁，玉衡、开阳、瑶光三星叫斗杓。

③三吴：古地区名，《水经注》称吴郡、吴兴、会稽为三吴，《历代地理指掌图》称苏、常、湖三州为三吴。

消　息

结实之初，远近人士均来探问消息，俾[1]为他日馈赠亲友之需。如结实少者，价必奇昂，而尚须预定，否则，果熟之后，人争购之，后至者竟不可得。若遇熟年，可无须预定，价亦稍廉。

注释：

①俾：使，以便。

守　护

临熟之时，尤宜守护，用竹柝以警鸟，用药物以驱虫，否则，鸟啄虫伤，树无完果，管理者穷日夜之力，劳于金铃[1]之护矣。

注释：

①金铃：悬铃以为警报。

驱　雾

果实忌雾，花时更甚，盖花期遇雾，不能结实，幼果遇雾，必至脱落，即存者亦多虫伤。故晨间遇雾，必须用烟熏之，名曰驱雾。

采　摘

采摘以朝露未晞时最为适宜，先视枝上之果，青色变为黄晕，若兰花色，且透出殷红色泽者，方可采摘。过生过熟，均非所宜，过生则真味未出，过熟则浆液易流，不便携带，故采李须有经验者，方能称职。然槜李能营后熟作用，采于适当之时，二三日后，肉方化浆，与树上熟者无少异焉。但摘时太生，难期成熟。又采时勿触于手，须编篾作小漏斗状，采时套于果上，轻轻捩下，以手执其蒂，贮之器中。若以手触之，易于腐败，而粉质捏去，亦欠观瞻。

贮藏

槜李摘下之后，宜贮竹器中，下铺蕉叶，或桐叶亦可，然后将槜李平铺其上，置之通风凉爽之地，可至十余日不坏，但不可置在当风处，倘果皮绉敛，则味已锐减矣。在贮藏之先，须度其久暂，如系久藏，必选其无病害虫伤者，因一果溃烂，能害他果，不可不慎也。如暂贮一二日者，固不必严行选择也。

食法

食槜李须有常识，盖生者未有真味，过熟者甜浆必减，故在摘下后约贮一二日，视其红晕透彻，鲜艳如琥珀者，则已恰到好处，乃将白粉拭去，以爪破其皮，浆液可一吸而尽，此时色、香、味三者皆全，虽甘露醴泉，亦未必能过之也。若过此恰好时期，皮呈皱纹而现紫黑者，则浆液干涸，味即锐减。若生食之，不过脆爽而已，槜李之真味未出也。

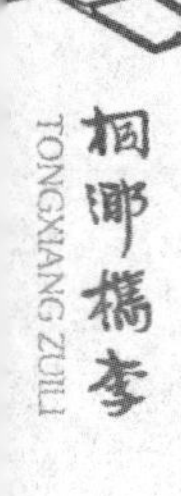

荒 熟

槜李，年有荒熟，乡人称曰大小年，且竟有全无者。以十年计之，繁生者只有二年，普通约居四年，最少者约三年，全无者约一年。繁生之后，每至二三年荒歉，此系管理失当，养成隔年结果之病耳。然槜李结实，确较他种果实为难，花虽繁密，结实甚少，约计花百朵，结实只三四枚。据农艺上之研究，云：槜李花受精力极弱，植槜李者，须间植别种李，使其多受花粉，结实可望稍丰。但花期天时，大有关系，雨雪风霜，俱碍结实，而非人力所能挽救。花期天气温和，无雨无雾，结果必多，阴雨稍次，遇雾更次，若遇晚霜，果必尽落，几不能为硕果仅存矣。

产 量

产李之面积既小，树亦参差不一，故其产量实未易估计。维余研究所得，槜李接后八九年，每树可得百余枚，十年之后，可得一百五十枚至二百枚。然此数只计其普通结实之额，如遇荒年，则每树所产，只寥寥十余枚耳，物罕愈珍，真不谬也。

价 值

槜李价值不定，丰熟之年，每市斤约四五角，小年每斤须一元，或竟至一元数角，尚有价而无货。远道之来屠购买者，恒失望而归，或有槜李未得，而买他种李以解嘲者，亦大有人在。吾乡除槜李外，所产之美人李、夫人李、黄姑李等等，亦较别处产者为良，或以充槜李，而竟难辨识者。但察其底及黄点，则真伪立判。

分 两

檇李，每市斤最大者约八个，普通约十一二个，若过于细小者，味必变异，品质已属下等。盖果之优劣，管理上亦有差异，如施肥适当，删剪合度，去其杂枝，摘除弱果，则所存枝上者，必肥大而甘美。若任其自然，则果实细小，甘浆减少，而形状亦鄙琐不堪矣。

馈 赠

产额既少，而价值又昂，慕名之士争购以遗亲友，而远道戚友，每多隔年驰函索取者。故檇李不论荒熟，寒素之家，往往毕生而不知其味者。犹之名士远宦，而德泽不及于乡里，亦犹是夫。

贡 献

品质既极名贵，而栽植者又少，迁地既不能良，历时又不可久，故自贡献吴宫[①]以后，汉不闻偕樱桃并贡，唐不闻与荔枝同献也。

注释：

①贡献吴宫：指因西施喜食檇李而进献吴宫。

记 载

考之图经，未见其名，惟至元《嘉禾志》[①]中载李日华《紫桃轩杂缀》，始有徐园、檇李之说。清初朱竹垞太史为净相檇李作赋，而嘉兴郡志、邑

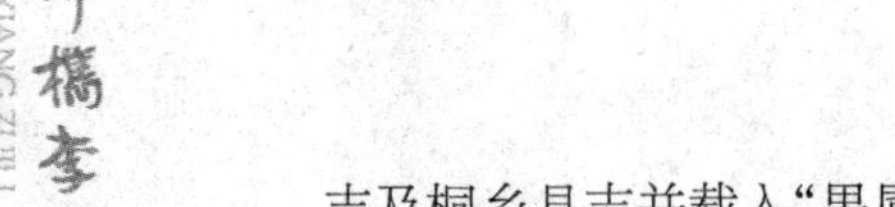

志及桐乡县志并载入“果属”中。

注释：

①至元《嘉禾志》：嘉兴地方志书，成书于元代至元年间，单庆修。

结　论

檇李栽植者，均系乡人，多墨守旧法，不事改良，故近况颇有衰落之象。民国六七年间，因蚕桑奇昂，种檇李之利益远不若蚕桑之厚，故均弃李而植桑。虽近来叶价惨落，但去桑而植李者，实未多见，盖檇李不易培植也。有此佳果而不能显迹于都市，甚可太息[1]，诚能择地栽植，雇专家担任其事，并用合作方法，运销外埠，庶几[2]在果实界得放一异彩，则我之所厚望焉。

注释：

①太息：叹息，可惜。

②庶几：也许可以，表示希望。

（1937年6月由上海新中央印刷公司出版）

(五)檇李研究文献要目

1. 王逢辰．檇李谱．竹里槐花吟馆刊本，清同治九年(1870)．

2. 成汝基．桐乡李之品种[J]．浙江大学农学院《新农业》，1931．

3. 胡昌炽．江浙桃种调查录[J]．中华农学会报，1931(92-97)．

4. 章恢志．浙江果树园艺概况[J]．中华农学会报，1933(113)．

5. 成汝基．嘉兴之檇李[J]．浙江省建设月刊，1933，6(9)．

6. 沈光熙.桐乡之槜李[J].浙江省建设月刊,1935,6(9).

7. 王竹如.槜李[J]. 浙江青年,1936,2(9).

8. 杨炳仁.桐乡槜李[J].浙江青年,1936,2(9).

9. 蒋荣.嘉兴槜李衰落原因及复兴意见[J].浙江省建设月刊,1936,10(3).

10. 朱梦仙.槜李谱[M].上海新中央印刷公司出版,1937.

11. 郑逸梅.漫谈槜李[J]. 中国新农业,1937,1(4).

12. 杨福如,储椒生.调查报告——嘉兴槜李[J]. 农村建设,1937,1(6).

13. 孙宏宇.浙江桐乡槜李品种的调查研究[J]. 浙江农学院学报,1957,2(2).

14. 河北农业大学.果树栽培学[M].北京:农业出版社,1980.

15. 陈履荣.槜李原生地史考[J].浙江农业大学学报,1981,7(3).

16. 许敖奎.槜李快速育苗简介[J]. 中国果树,1982(2).

17. 陈履荣.槜李若干生物学特性及其栽培措施[J].中国果树,1983(1).

18. 孙步洲.中国土特产大全·桐乡槜李[M].南京:南京工学院出版社,1986.

19.《中国名土特产》编写组.槜李[M].石家庄:河北人民出版社,1986.

20. 沈苇窗.桐乡槜李.食德新谱[M],香港凌云超纪念馆,1988.

21. 杨德盛.群李之冠——桐乡槜李[J].森林与人类,1988(4).

22. 朱永林.珍稀名果——槜李[J].农业科技通讯,1988(4).

23. 朱永林.桐乡槜李的栽培及管理[J].农业科技通讯,1989(1).

24. 吴江.槜李——桐乡传统佳果[J].作物品种资源,1989(3).

25. 吴江.桐乡优质李品种及丰产栽培技术[J].山西果树,1990(3).

26. 劳伯敏.吴越槜李之战及其有关史迹[J].学术月刊,1991(2).

27. 张加延,周恩. 中国果树志·槜李[M].北京:中国林业出版社,1998.

28. 杜云昌,史念.槜李历史文献汇刊·前言[M].槜李历史文献汇刊,1999.

29. 张加延.全国李杏种质资源研究与利用的总结报告[R].第七次全国李杏资源研究与利用学术交流会议论文集,2000.

30. 朱福荣,等. 李低产园改造试验总结[J].中国南方果树,2002(3).

31. 孙钧,等.槜李避雨设施栽培技术试验[J].浙江柑橘,2003(4).

32. 吴江,等.槜李的生物学特性及标准化栽培技术[J].中国南方果树,2005(1).

33. 朱福荣,等."桐乡槜李"及4个授粉品种的S基因型分析[J].浙江农业学报,2011(3).

34. 朱福荣.遮阳网覆盖防止槜李低温寒害试验[J].中国果树,2012(3).

35. 梧桐街道旅游委员会,杨承禹.槜李春秋——桐乡槜李史事[M].嘉兴:吴越电子音像出版公司,2014.

36. 贾展慧,等.11个"槜李"品系鲜果主要经济性状分析与评价[J]. 植物资源与环境学报,2014(4).

37. 任士福,汪民.中国李杏种质资源[M].北京:中国林业出版社,2014.

38. 贾展慧,等.槜李果实采后软化过程中乙烯生物合成变化的研究[R].中国园艺学会2015年学术年会论文摘要集,2015.

39. 张加延.中国果树科学与实践·李[M].西安:陕西科学技术出版社,2015.

40. 张杰,等.避雨覆膜等栽培措施对槜李果实品质的影响[J].浙江农业科学,2017(10).

41. 张杰,等.不同槜李品系香气成分物质的分析[J].浙江农业科学,2018(6).

42. 胡惠珍,等.桐乡槜李的生态价值生存现状与保护对策[J].浙江农业科学,2018(6).

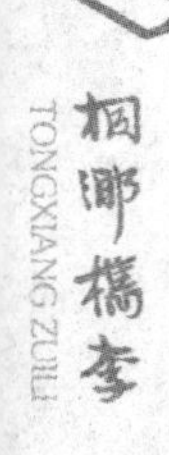

编后语

槜李花、槜李果、槜李地，缘此而有槜李事、槜李人和槜李情。这是一个充满魅力的话题，是值得写出来让更多朋友分享的篇章。

为此，梧桐街道办事处决定编撰《桐乡槜李》一书，委托市文联所属名人与地方文化研究会承担这一任务。2018年末启动，组成本书编撰组，四位成员集思广益、通力合作，又分工侧重，查资料、寻档案、实地调研、访谈果农、蒐集诗文……分撰而总成，历时三个月完成了六万多字的书稿。篇幅虽然不长，却纵览古今、涵及表里。可以说，关于桐乡槜李这是迄今内容最近于齐备的一本书。

梧桐街道党委、办事处十分重视《桐乡槜李》的编撰工作，从目标设定到谋篇布局，从协调后援到定稿出版，始终倾注关心、大力支持。街道、桃园村以及相关部门单位众多朋友也给予了热忱相助。在此一并表示衷心的感谢！

振兴槜李产业，弘扬槜李文化，是“槜李地”乡村振兴战略的重要内容，是全体“槜李人”的美好追求和不懈实践。愿本书能为此发挥积极作用。

编　者

2019年4月6日

图书在版编目(CIP)数据

桐乡槜李 / 桐乡市梧桐街道办事处编. -- 北京：现代出版社, 2019.5
ISBN 978-7-5143-7841-2

Ⅰ. ①桐… Ⅱ. ①桐… Ⅲ. ①李-品种-介绍-桐乡 Ⅳ. ①S662.3

中国版本图书馆CIP数据核字(2019)第084256号

作　　者:桐乡市梧桐街道办事处
责任编辑:张桂玲
出版发行:现代出版社
通讯地址:北京市安定门外安华里504号
邮政编码:100011
电　　话:010-64267325　64245264(传真)
网　　址:www.xdcbs.com
电子邮箱:xiandai@cnpitc.com.cn
印　　刷:杭州万星印务有限公司
开　　本:710mm×1000mm　1/16
字　　数:135千字
印　　张:10.25
版　　次:2019年5月第1版　2019年5月第1次印刷
书　　号:ISBN 978-7-5143-7841-2
定　　价:45.00元